我想和你白头，也想自由

姬晓安 著

民主与建设出版社
·北京·

© 民主与建设出版社，2020

图书在版编目（CIP）数据

我想和你白头，也想自由 / 姬晓安著 .—— 北京：
民主与建设出版社，2020.2
ISBN 978-7-5139-2421-4

Ⅰ . ①我… Ⅱ . ①姬… Ⅲ . ①人生哲学 – 通俗读物
Ⅳ . ① B821–49

中国版本图书馆 CIP 数据核字（2019）第 296310 号

我想和你白头，也想自由
WOXIANG HENI BAITOU YEXIANG ZIYOU

出 版 人	李声笑
著 者	姬晓安
责任编辑	程 旭 周 艺
封面设计	李俏丹
出版发行	**民主与建设出版社有限责任公司**
电 话	（010）59417747 59419778
地 址	北京市海淀区西三环中路 10 号望海楼 E 座 7 层
邮 编	100142
印 刷	朗翔印刷（天津）有限公司
版 次	2020 年 3 月第 1 版
印 次	2020 年 3 月第 1 次印刷
开 本	880 毫米 ×1230 毫米 1/32
印 张	7.5
字 数	140 千字
书 号	ISBN 978-7-5139-2421-4
定 价	46.80 元

注：如有印、装质量问题，请与出版社联系

目录
contents

PART 3　先要做最好的自己，然后才是在一起 - 069

PART 4　生活需要彼此成全，你可以吃甜，我可以吃咸 - 103

序：愿迷茫中的我们，都能找到爱的最好方式

在电视上，听到谭维维翻唱了李宗盛的《晚婚》：

"我不会逃避，我会很认真，那爱来敲门，回声的确好深，我从来不想独身，却有预感晚婚，我在等，世上唯一契合灵魂……"

美丽的歌喉，唱出了多少人的心声。

世上的事情，最不能凑合的就是爱情。我们不想独身，但也不想将就，因为一时的将就，带来的可能是一生的遗憾。一辈子太长，无论出于什么原因，你都不能随随便便找个人潦草余生。

从古至今被视为神秘的爱情，被文学家无数次描摹，百转千回，仿佛拥有千百种容貌，带给人瞬息万变的情绪。当我们深陷其中时，它仿佛是世界上最难懂的东西。

为什么你总是谈不好恋爱？

为什么总是等不到属于自己的缘分？

该如何吸引心仪的异性？

交往之后，如何保持爱情的新鲜度和甜蜜度？

为了爱情，我们要丢失自我吗？

对方变心了怎么办？

在受过很多次伤害之后，如何再去寻找对的人？

……

别害怕，相爱的过程中不会只有争吵和误会，爱情也不会因为走入婚姻之后就进入坟墓，当你全心信赖爱情时，你会发现，其实爱情非常简单。

确实，生活总让我们猝不及防，有太多无法提前预测的事情，猜到了开头，猜不到结局。爱情，很有可能变成一把双刃剑，让人笑的同时也会让人哭，爱的时候有多甜，不爱的时候就有多苦。

无论世事多么莫测，当你自己有一个坚定的自我时，便不会在爱情中风雨飘摇。

你专注于自己的成长，在亲密关系中知道自己的位置在哪里，就永远不会因未知而恐惧。

你的内心充实饱满，知道该如何走自己的路，就不会因一时的寂寞而随便找个人排遣孤独。

你不过度付出，也不过度依赖，就能在情感独立之中，唤起恋人良好的互动。

你好好地享受恋爱，不过多索求，也不赋予太多目的，一切就会水到渠成。

你越是忠于自己的内心，越是勇敢主动地追求爱情，爱情就会越圆满。

当你理解并接受两个人之间的差异，懂得为爱情留白，无论在生活中，还是精神上，都允许对方有自己的空间，那么彼此都能活得自由而舒展。

当你通过不断完善自己，获得外在美和内在美的统一，就能保持恒久的吸引力。

好日子需要两个人共同的努力，当你学会管理自己的欲望，规划实现梦想的路径，就不会迷失在花花世界中而错失真爱。

你懂得了成全自己，也就能成就对方，就能在不完美的生活中收获完美的爱情。

对于爱情的林林总总，我只有一个最简单的答案：你努力做到最好，你的爱情就会足够好！

没错，你喜欢的那个人就是你的终极品位。你想要高质量的恋爱，就得先把自己修炼成优秀的人——爱情中没有坐享其成，这是一段绕不过去的路。

如何匹配这世间最美好的生活，如何觅得佳偶，都取决于你自己的努力。

因为有爱情，人间真的值得来一趟。当我们全身心地被爱滋养，生命就会焕发出最美的光彩。我们在爱情中不断完善自身，变成更优秀的自己，生命回馈给我们的，将是尘世中最纯净、最美妙的幸福。

PART 1

一个人寂寞，两个人又怕错

宁愿做自己的女王，也不做别人的王后

　　有段时间，有个姑娘不停地来问我："同时遇到两个追求者，到底该选哪一个？"

　　开始，我觉得这不是个问题，开玩笑地回答："选长得好看的那个。"

　　后来，在她一次又一次的追问中，我才醒悟到，这对她来说可能真是个问题。

　　姑娘一遍遍地对我重申：一个有房子，但是在郊区；一个没房子，但是薪水高，看上去是支潜力股。

　　于是，我开始认真分析："那么，这两个人，你到底喜欢谁呢？"

　　姑娘愣了，许久没有回答我的问题。

　　我更懵："别告诉我你从没想过这个问题！"

　　最后我说："那就再等等吧，等到一个又在城区有房，又有前途的人出现的时候，你再考虑。"

除了这样敷衍她，我不知道还能怎么回答，因为我觉得爱情还没有真正降临到她的心间——当她遇到一个自己喜欢的人，再考虑谁手里的面包更加可口也不迟。

感谢年龄让我有了点阅历，可以换一个角度去看这个问题。有两年的时间，我经常去全国各地参加各种女性会议。有时候，主办方安排大家坐同一趟班机。我看见一些事业有成的姑娘随身带着大大小小好几个登机箱，而价值上万的背包没地方放，索性就在脚下踢来踢去。

她们没有闲心去伺候一个包，因为她们不缺。甚至，有一个姑娘因为家里有太多包而烦恼，竟然为此专门做了一个二手奢侈品交易APP。

选爱情还是选面包，对她们来说算个问题吗？她们自己有面包，也有挣面包的能力。

前些年，爆出新闻，著名传媒大亨默多克与他的第三任妻子邓文迪离婚，让这个中国灰姑娘的童话宣告破灭。三年后，默多克娶了第四任妻子——时年59岁的霍尔。我觉得很有意思的是，纵观老默后两任妻子的经历，你会发现她们走的是两条截然相反的人生道路。

作为一个无背景、无资源的普通女孩，邓文迪早早走出国门，拿到了美国绿卡，还嫁给传媒大亨。她的经历，被无数人誉为灰姑娘一般的传奇。虽然她的逆袭同时也被看作是无法复制的黑天鹅事件，但她的微博下面仍有无数女孩"跪求撩汉秘籍"。

霍尔年轻的时候美艳无比，还曾是个超模，经历同样堪称传奇：才貌双全，偏爱才子，敢爱敢恨，甚至为了与滚石乐队主唱贾格尔在一起而卖了自己在得克萨斯州的农场。霍尔在爱恨情仇中摸爬滚打了一辈子，到老了嫁入豪门，又成了世人羡慕的对象。

网上曾有人发起投票，如果可以选，在邓文迪和霍尔之间，你选择做谁？

出人意料的是，80%的姑娘都选了做董明珠。

由此可见，做"女王"永远都比做"王后"有吸引力，哪怕苦一点、累一点。只是很多人担心自己做不到，担心时间飞逝，在人生的战场上打不下一片江山，在婚恋的市场上又"贬值"了，落得竹篮打水一场空。既然没有这份自信，又没有这份无畏，就只能为生活献上膝盖，乖乖地做生活的俘虏。

虽说个人的活法这码事没必要拿出来比较，但滚滚红尘走一遭，我还是期待能肆意爱，肆意活，身姿昂扬，笑容发自内心。

世上的一切，包括人和爱情，都是一期一会，过了那一期，只能活在记忆里。从这个角度说，爱情，有时候，就是一碗青春饭。

作家六六说："如果让我回到 20 岁，我依旧会选择自己喜欢的男人，从零开始享受一段美好的爱情。原因是我到了 40 岁才知道，那些房子汽车，只要我踏实过日子，努力工作，不论好坏，我总会有的。但 20 岁时的两情相悦，年轻的朝气，健美的身体，一路走过来的欢笑与眼泪，那些宝贵的人生经历，过去了就再不会回来了。"

用青春去变现，换来的是钱，这个没错，但是付出的，绝不仅仅是时间。那些隐形的价值，简直是一个巨大的黑洞，吸进了我们所有的生命精华。

如同茨威格所说："她那时候还太年轻，不知道所有命运赠送的礼物，早已在暗中标好了价格。"

生活中哪有捷径，所有不想付出很多，却想得到很多的人，都高估了自己的运气。

当爱成了一个人生命中最稀缺的资源，甚至成了一生从未品尝过的滋味，那种落寞远非钱所能补偿。

如果一个人从 18 岁开始恋爱，到了 38 岁的时候，回想一生中最美好的 20 年，最能抚慰内心的回忆是什么？最让人觉得这个世界值得来一趟的经历是什么？是背名牌包，住大House，夜夜笙歌，灯红酒绿吗？

肯定不是。

一个朋友曾对我说过，如果一个人没爱到哭过，而只在宝马车里哭过，那干脆赶紧去世吧。

话虽然说得狠，道理却不错。如果你缺失了人生中最重要的体验——爱与被爱，一辈子真的是白活。千万别跟我说与物质比起来，这些不重要，世上有几人可以安然做一个被华美衣饰包裹，被精致食物"豢养"的空心人偶？

每个人都想去追逐自己缺乏的东西，没钱的时候想要钱，有了钱又要爱，难道人性就是如此贪婪？

NO ！

按照马斯洛的需求层次理论，在满足了生存和安全感的需求之后，人必然要生出情感和归属的需要。

而且，感情上的需要比物质上的需要来得细致，更难满足。一个在爱的体验上过于匮乏的人，在这个世界上的存在感会很弱，即便是被再多的奢侈品包围，也会感到自己像个无声无息的影子，孤独而寂寞。

真爱，才是这世界上最贵的奢侈品。

有人说，人教育人往往没效果，事儿教育人才记得住。可惜的是，覆水难收，事儿教育人的代价太大了。因为人生是一条单行路，走过便无法回头。当领悟的那一刻，可能已经用光了自己手里的选择。

作家司汤达的墓碑上刻着六个字："活过，爱过，写过"。

最高级的人生，莫过于此。

有让你幸福到战栗的爱情，有愿意为之奋斗一生的事业。自己的所愿所求，所期所许，皆靠自己的努力得来。

尽管每个人的人生追求不同，但是无论如何，请给自己一个机会，淋漓尽致地爱一场。

爱时珍惜，散了不悔

我有一个女友，非常忌讳"7"这个数字，因为她与男朋友相恋七年后分手了，而那个男孩，又正好小她七岁。

在那场情殇之中，我眼见她从痛彻心扉到歇斯底里。她给每一个相关的人打电话，打给两人共同的朋友，打给男孩的父亲……从控诉到痛骂，泪流满面，情绪失控，直到大家相继把她拉入黑名单。

这真是一次毫无美感的分手。

我默默旁观，爱莫能助。那时候，我无法做她的止疼药，我知道，于她而言，真正的释怀，要到几年后才能到来。

到底是"7"这个数字不吉利，还是那个人已经不适合自己？相爱时如飞蛾扑火，彼此处境的差异和七岁的年龄差都可以忽略不计，分手时烬落灰残，往日情意全都湮灭在痛骂互撕中。

无论男女，在恋爱中，我们最怕的，就是遇人不淑。

我们怕错，更怕一错再错。与爱错了人的代价相比，似乎守着一份寂寞更为稳妥。

很多人过尽千帆，回忆起曾经的一场场情事，才恍然大悟道：没有一段恋情，能让当事人斩钉截铁地下一个对或错的结论。

所谓错爱，只能说，那个人，那种感觉，那种生活，是当时的你想要，但后来又厌倦了的。

在这段关系里，只要自始至终没有人逼迫你，你就不是一个受害者。

一个我喜欢的女作家，把前男友比作一扇门。她说："在推开门之前，门外的风景，于我们只是想象。推开门之后，或许我们会有惊喜，也可能会失望。"

可能我们喜欢的是塞伦盖蒂大草原的壮美，门外却是小桥流水、雕廊画栋的精致；可能我们喜欢的是碧海蓝天的清新，门外却是青山古树的葱郁。

风景没有错，只是不适合你。

你只能怪自己的选择，你能怪门吗？

如此，我们只能轻轻道别走开，不是又腰痛骂，也不是踢门、踹门。

我的一个大学同学，在大四下学期，在大家都为毕业论文焦头烂额的时候，他突然消失了。一个月后，当他再次出现时，像换了个人似的，智商直线下降，脸上常常带着痴迷的傻笑。问他这一个月的行踪，他总是故作神秘地避而不谈。

毕业后仅仅几个月，他就火速地奉子成婚了，新娘是网友，远在天涯海角的三亚，他消失的那段时间，就是坐飞机见网友去了。想想当年的机票也真是贵得惊悚，根本没有打折一说，从北到南飞一个来回，要花好几千块钱，作为一个学生党，他也是豁出去了。

在我们还在为考研、实习、求职、恋爱、失恋忙乱的那两三年，他一连得了两个儿子，人生似乎早早就尘埃落定了。作为早婚早育的全班第一人，他一直是我们的楷模，尤其像我这种千年单身狗，提起他时不免啧啧称赞：瞧人家，多有正事儿！

但这几年的同学聚会上，本以为应该在柴米油盐的生活中活得很滋润的阳光健康小中年，竟然滋生出一身郁郁寡欢的气质——最怀旧的那个是他，吐槽最多的那个是他，啃着指甲惆怅满怀的那个还是他。

他说，经常梦回校园，坐在教室里听课，窗外的树上，开满了雪白幽香的玉兰花……

他说，大宝到两三岁时，会跟大人沟通互动了，他才惊觉这个小孩是自己的儿子，之前迟迟进入不了父亲的角色……

他说，妻子太懒惰，从结婚后就当全职太太，还不会做家务，家里乱七八糟，想喝水都找不到一个干净的杯子……

我问，那你当年闪婚，又是为了什么呢？

他沉默了一会儿，提到一件我们都知道的旧事，大四那年的中秋节，他打了一次群架，被人一刀迎头劈下，脸颊落了好长一道疤。更可怕的是，这一刀还留下了后遗症，严重地损伤了他的嗅觉。心爱的女孩也因此离他而去。

他在宿舍里躺了两个月，不起床，不上课，不说话，唯一的日常活动就是上网，也就是那时候，他认识了现在的太太。

"那时太寂寞了，你知道吗？感觉每天就像躺在盘古开天辟地前的那片混沌中，我太想找个人陪我了。"

如今，他的眼里满是不甘，觉得自己过早地做了人生选择，失去了权衡和比较的机会。

那一刻，我想起当年他天不亮就起床，大雪天背着双肩背包，在北方的冰天雪地中赶早班机，去赴一个遥远的南国之约；想起他一脸幸福，说起那个灵秀的南方女孩，满眼都是怜惜；想起他说女友从未见过手工棉衣，向我讨了一件中式小棉袄，千里迢迢地寄去……

同样，那个女孩也为了他，背井离乡，辞别双亲，远嫁到干燥多风的北方，朝夕相伴，治愈了他的情伤，多年来养育孩子，料理家务……

林林总总，我不认为她是他为了缓解寂寞的选择，他们是爱过的。只是，那些甜蜜的爱意，被时光稀释成了天边淡薄缥缈的云影，连他自己都常常记不起了。

我也理解，因为刚刚毕业就结婚生子，他的心态一时调整不过来。南北生活习惯的差异，琐碎生活的烟熏火燎，一点点地磨蚀着曾经的激情。

又或许，时过境迁，我们会对身边人失去新鲜感，对陪伴的标准也变高了，开始觉得不值，开始质疑最初的选择。

可是，感情需要的是持续的经营，而不是一个权衡利弊的过程。

成年人的生活，不就是选择并承担代价吗？最重要的，是敢于直面并安于自己的选择。否则，在时间的考验下，怎么选都会有遗憾，选了谁都是错。

如果那个人给了你心灵的慰藉，那么他就是我们寂寂人生的良药，彼时彼刻，他就是对的人，不能因为日久时长，药效递减，就全盘否定了这段感情。

有一首老歌这样唱：

"时间的旷野里啊，有谁不孤独，有限的青春里啊，有你陪着我……

"时间的旷野里啊，我不怕孤独，有限的青春里啊，爱过你，我已经，不朽了。"

请珍惜年轻时遇到的人。毕竟，人的一生，能在自己的最好年华爱一个同样最好年华的人，这种机会不多。即使有一天你们倦了、散了，只是缘尽了，不必纠缠谁是谁非。

最好的感情，未必是一生只爱一个人，也未必是一生爱过很多人，而是爱的时候，珍惜，散了以后，不悔。

我们有犯错的权利，也要有纠错的能力

关于前任，我听过最狠的一句话是在一个女作家的文章里看到的。女作家的女友说："我爱的对象太不堪，不堪到——我总不能说我爱过一条狗吧？那岂不成了人兽恋？"

女作家说，这真是对一段感情最严厉的审判。

有些人，对过往的某一段恋情极为避讳，甚至想要将它放到箱子里，贴上800道封条，沉入漆黑如墨的湖底，从此以后再也不见。

这种情形，要么是这段感情伤人太深，要么是过程太过不堪，令人感觉耻辱。

虽然我坚持认为，一段感情中，很难有明确的是与非，但是大千世界，各色人等，难免会因为时运不济，遇上品行不端的人，让我们错付真心。

就像金庸笔下的杨康和穆念慈，他虽然也爱她，却私欲大过天，利用她的深情，一次次地骗她，最后，穆念慈用儿子的

名字，为这段感觉做了一个注脚："过"。

有意思的是，同样是金庸笔下的纪晓芙，同样是冒天下之大不韪，追逐一段没有结果的爱，却给自己的女儿起名叫"不悔"。

所以，一段感情令人不悔还是不齿，并不在于结果如何，而是在于对方给予的感觉，是否让人觉得美好和有尊严。

回过头看看我们谈过的恋爱，回忆是不是美好，通常只有一个判断标准，那就是：如果你没有为了爱而牺牲你的人格与原则，如果你的恋人是个懂得尊重你的人，那就是一段"只要曾经拥有就很美丽"的回忆。

夏日的街头，刚下完淅沥的小雨，一对小情侣并肩从我身边走过。

我听到两人在拌嘴，男孩说："我警告你，别跟我来劲，否则……"

他们疾步走过，我没有听到"否则"会如何。

但我很快就知道了——男孩在距我几米处翻脸了，他抓住女孩的衣领用力推搡，举止粗暴到令人生厌。接着，女孩被推倒在地，嘤嘤地哭，裙裾上都是污浊的泥水。随后，男孩扬长而去。

我经过女孩，看她哭得十分悲凄，连衣裙的衣领被扯坏，露出一侧雪白的肩膀，乌黑的长发挡着低垂的脸。行人们在她身边来来往往，没人为她驻足。

我在心里感叹："姑娘啊，你这是何苦？这么年轻、这么漂亮，却为一个不珍惜你的人坐在泥巴里哭。"

在感情中，谁也不敢说自己心明眼亮，从来不会看走眼，更不敢说自己会被好运永远眷顾，一生一世都被温柔以待。

就像我们无法控制别人犯错一样，也必须允许自己犯错。一个错误，只有两种结果，要么一错再错，永远用错误的结果为错误的决定买单；要么及时纠错，及时止损。

有一个词叫"沉没成本"，在人生所有的沉没成本中，唯有投掷在感情上的成本，最令人难以割舍。误买了一只股票，一路跌停，抛售的时候，有人称之为"割肉"。而放弃一段感情，切肤之痛犹如"割心"。

纠缠在一段不合适的感情中无法抽身的人，大抵都是两种情况：要么舍不得自己曾经的那些付出，耗费的那些年华；要么就是不愿失去当下的陪伴，害怕独自面对今后的孤单，更对自己未来的感情状况感到担忧。

更有甚者，明知自己在这段感情中的投入都是虚掷，还要一再加仓，在无限的付出中赌一个浪子回头。最终只能跪在一片废墟中，手握往事凌厉的碎片，看一片残阳如血。

无法面对自己的错误，缺乏主动离开的勇气，就只能在错误的结果中被动承受。这种在一起的寂寞，比形单影只的寂寞更加销骨噬心。

台湾音乐组合五月天唱过一首歌："笑过哭过没想过最后要寂寞……错错错，我不接受这样的全剧终。"

多少人就是因为一份不甘心而不接受。殊不知这份感情虽然终结了，人生的故事还远远没有剧终，我们自己才永远是人生的主角，不想把人生演成烂片，不合适的搭档，该换就得换。

多年前追看那些男欢女爱的港剧，突然发现一个道理，世界上哪有绝对的渣男或者渣女（人品不好的男女），有些人对某人弃之如敝屣，转头却对另一个人视之如珍宝；有些人在某人面前大闹天宫，遇到另一人却乖乖地戴上了紧箍咒。

或许，有些交往模式，从一开始就是错的。日复一日，不过是让错误不断强化而已。别人怎么对你，权力都是你给的。

身边有一个朋友，是我很欣赏的女子。她长得很美，气质超凡，眼神清晰明澈到似乎从不会犯错。虽然从未少过裙下之臣，但她的感情生活却一直很稳定，一看就是过得很舒心的那种状态。

可是，偶然交谈得知，她也曾在一段劣质的感情中黯然神伤。

是什么样的人，敢轻慢这样的女子？

对方与她家是世交。青梅竹马，知根知底，谈这样的恋爱，本应该是很笃定的吧？

或许就是因为太过笃定了，对于男孩来说，这场恋爱谈得漫不经心，没有纪念日，没有礼物，没有节日问候，连情话都懒得说一句。甚至有一次，男友深夜把她叫到酒店，然后又把她赶走——深更半夜让她独自打车回家，自己却心安理得地呼呼大睡。

有一年男友被公司外派到国外，一年只回来几次，每次回来，作为女朋友，她都会放下一切，全心全意地陪伴他。即便有些磕磕绊绊，她也看在久别重逢的面子上，姑且忍了。

有一天，男友又发了很大的脾气，抓起一个杯子向她扔去，玻璃杯在距离她鼻尖一寸的地方缓缓落下，砰的一声，碎了一地。

她看着脚下明晃晃的玻璃碎片，突然醒悟，她早就应该离开这个人了。

半年后，男友姿态虔诚地来求复合——下跪道歉，痛哭流涕，十八般武艺用遍。

　　但她不为所动。她不是心冷，而是心里完全没有他了。当一个人被另一人从心里移除，所有的任性、耍酷，甚至哀求，都没有了资本。

　　那些曾经的痛苦也好，纠葛也罢，都已成云烟，散落在风里。你有你的阳关道要走，我也有我的大好人生要过，何必让那些愤愤不平和耿耿于怀变成一把利刃，一遍遍地把自己凌迟？

　　人生所有的事情，到最后，需要面对的都是自己。

　　我们常常出于感性而犯错，却要靠理性来收场。看错人也罢，用错情也罢，知错就改才是我们给自己的最大自由。

不逃避自己想要的，敢于接受自己喜欢的

暮春四月，校园草长莺飞，马上就要进入夏天，很快就会热起来。天空蓝得很明艳，白色的鸽子在楼群中结伴飞过，清脆的鸽哨声划破天际。

午后的第一节是体育课，茗茗夹在一群女生中往操场走，一个篮球呼啸而至——不是青春剧中男生为了搭讪而使用的小伎俩，而是货真价实地重重砸在茗茗脸上。

闯祸的男生惊慌失措地跑过来，茗茗恍惚看见他的脸上闪耀着一堆莹亮的小星星。从此，茗茗对"眼冒金星"这个词有了生动的体验。

"你怎么样？"

"眼睛疼。"茗茗疼得直哭。

"让我看看。"男生关切地检查茗茗的眼睛。

男生高，茗茗矮，他俯身低头，她仰头，抬起泪水盈盈的眼睛，两人保持着这个有点暧昧的姿势，认真地对视了好几秒钟。

美国有位心理学家有一个观点，异性之间如果"深情凝视"超过八秒以上，好感度就会上升11%，甚至有可能开始约会。

不知道这几秒钟的对视，是不是一切的开始。茗茗只觉得惊诧，这么好看的一双眼睛，竟然长在一个男孩脸上。那眼里，真像有湖波潋滟——此前茗茗以为"秋波"这种词只能用在古典小说里的美女身上。

而这一幕，是15年前的事了。

后来，我和茗茗同坐在一个心理学课堂上，老师问了一个问题：

"在座的各位，有谁觉得迄今为止的人生，被100个以上的人爱过？请举手。"有人举手，众人看着他笑。

"被50个以上的人爱过？"举起的手臂多了几条。

"被10个以上的人爱过呢？"有很多人举手。

"被一个人深爱过？"这一次，几乎所有人都举了手。

有一个人，自始至终都没有举过手，那就是坐在我旁边的茗茗。

老师看了她一眼，说："下课后你单独找我一下。"

在一个心理学教授看来，一个成年人认为自己从未被爱过，是有心理问题的。

人生有时真如一场大梦，15年后，也是一个春色阑珊的下午，在我家的书房里，茗茗只用了一个小时，就讲完了她与班草十几年的纠缠。

说是纠缠，也不确切，毕竟在这十几年里，他们音讯杳然，早已失散于人海。太多的，都是各自欲说还休的内心戏。

那次篮球事件之后，茗茗就与班草没有了任何瓜葛，或许这就叫确认过眼神，但没有遇上对的人，彼时不在茗茗的思考范围里，她压根儿就没想过和他能有什么关系。他长得帅、还是学霸，出身很好，父母都是小城里的风云人物。这种人设，让茗茗觉得他离自己很远。

整个高中三年，他们的交谈似乎没有超过十句话。

班草女生缘好，情书一摞一摞地收，有些女生为了放学跟他一起回家，甚至争风吃醋。闹得动静大的时候，茗茗隔岸观火，感到十分费解，那些女生的热烈大胆，在她看来都是不可思议的行为。

每个人的爱情中，都暗藏着其性格密码。但当时的茗茗，还不明白这个道理。

高考之后，两人在同一个城市上大学，在那条叫作学府路的马路上，高校林立，他和她的学校是对门儿。

开学不久，茗茗热火朝天地在水房里洗床单，墙上的大镜子里似乎有班草的身影一晃，茗茗以为自己出现了幻觉，转过身，他果然站在她身后。

他常常来找她，带她出去玩，吃好吃的，接下来谈一场恋爱，似乎应该是顺理成章的事。奇怪的是，好像中了一个魔咒，两人的关系就那么不进不退地卡在那儿。

班草身边依然围绕着那么多莺莺燕燕。她们狂热地追求他，帮他洗衣服，帮他挂窗帘，帮他写作业，送他礼物，经常有外校的女生跑过半个城市来找他，只为看他一眼。

班草没接受任何人，也没拒绝任何人。他对每个人都很好，有时甚至好过对茗茗。

茗茗心里，开始有了针刺的感觉。

中秋节，同在这个城市的高中同学搞了一次聚会。吃过饭后有人提议去逛街，一个漂亮女生背着很大的包走在前面，班草突然快走几步，从女生肩上拿下包，替她背上了。

茗茗愕然。

夜风乍起，茗茗觉得有些冷，她抱住自己的肩膀。有些男孩把外套脱下来，披在身边的女生身上。茗茗看了看班草，他没有任何反应。他们并肩走着，他的肩上背着别人的包，茗茗觉得两人之间，隔了一个马六甲海峡。

后来，茗茗的脚步越来越慢，渐渐落在人群后面。大家说说笑笑，没人注意到她落了单，她悄悄地溜走了。

第二天，班草来找她，责问她为何不告而别，害得大家找她良久。茗茗淡淡地笑，推说自己胃疼，怕扫了大家的兴就先回去了。

从那以后，班草突然对茗茗冷淡下来，很久不露面。元旦那天晚上，茗茗破天荒地主动去找他，却扑了个空，宿舍里没人，门紧紧地关着，像一张冰冷的脸。茗茗写了一张字条塞在门把手里。字条的内容，茗茗记不起了。大意就是我来找过你，祝新年快乐之类的话。

第二天，茗茗坐上了开往北京的列车。有20多个同学结伴送她。火车缓缓开动，最好的朋友一边哭一边跟着车跑。

她终于放声大哭，哭丢了自己的隐形眼镜。

茗茗提前一学期离开了学校，在北京的一家公司里实习。后来她回去过几次，交论文，参加考试，但都悄无声息，她不仅是逃离了一个城市，还逃离了一个圈子，除了两个闺密，跟其他同学都没有了联系。

她与他之间，没有表白，没有承诺，只有一个个沉淀在记忆深处的瞬间。

她自己都不明白，为何会为这段似是而非的感情，付出这么大的代价。

故事里总是充满了阴差阳错。

有一天，茗茗突然接到了一个电话。

电话里的声音，很平静地问她："知道我是谁吗？"茗茗怔住。

没有寒暄，也没有开场白，他直接说："找到你不容易，我只想告诉你，我爱你，可惜当时没有学会怎么好好地爱一个人，但是没有机会了，你总是喜欢不告而别。"

说完这些，他好像松了一口气，终于卸下一副重担一般。

What？

在一个赖床的周末早上，一个久不谋面的人，突然打电话过来说"我爱你"？

茗茗却丝毫没有觉得突兀。

自始至终，她觉得，他欠她一个告白；他觉得，她欠他一个告别。

他是爱过她的，这个迟来的答案，由他亲口说出来，对茗茗来说，特别重要！

这些年，对于他，似乎从来都想不起，又总在某个时刻毫无征兆地想起，像一柄利器，呼啸着破空而来，刺中心脏，有一种短促但尖锐的疼痛。茗茗不知道，这是否就是思念？这几千个夜晚，在午夜梦回时想起彼此，不知两人的思念，是否能在夜空中重逢？

茗茗轻轻地喟叹。

她知道，他们喜欢彼此，但是当年的他们不——合——适！不是所有相爱的人都合适，这真是一个悲凉的事实。

20 岁的茗茗，敏感封闭，从小父母离异，被抛弃的感觉让她极度缺乏安全感，母亲对她无休无止的嘲讽，又让她滋生出强烈的"不配感"，在她自己都没有察觉的情况下，心里就埋下了一颗"不配"的种子——不配拥有更好的生活，不配拥有更好的爱人——这些，都是通向幸福的绊脚石。

而被太多追求者宠坏的班草明示暗示都在她身上得不到有力的回应，用别的姑娘来刺激她，她也完全没有反应。于是他逐渐心灰意冷，更不能放下自尊和身段大胆而明确地争取她的喜欢。这真是一个生活的悖论——最终他只能在爱而不得的寂寞中徘徊。

"他究竟爱不爱我？"在无数次怀疑中，茗茗失去了自信。看见他替别人背包的那一刻，巨大的挫败感，像骆驼身上的最后一根稻草，压垮了茗茗。

在面对挑战时，人类身上有一种应激性，会让人做出两种选择：面对或逃避。很不幸，茗茗属于后者。她做出一个决绝的决定——反正你早晚都是要走的，在你离开之前，我抢先离开你。

并不是初恋时我们不懂爱情，而是年轻时我们不懂自己。

在对的时间遇到了对的人，却错在了相爱的方式，这个遗憾，他们背了好多年，是时候放下了。

茗茗的故事，让我觉得过于梦幻，像电视剧里的情节。现代的地球人，真的还会将一段青春时的朦胧往事放在心上吗？

转念一想，有些故事，看上去是一个情感故事，实际上是一个成长故事。

忘不了的，可能是那个人、那段情，带给你的瞬间顿悟，成为人生路上的启示。

很多人寻找爱情，不仅仅是寻找自己那款"行走的荷尔蒙"，而是需要有一个人填补自己内心深处的匮乏。

我们都想有一个人能好好地爱自己，太多的时候，却没有学会如何好好地被爱。

内心的匮乏只能靠自己来填满，但是可能会有一个人出现，让我们在这段关系里观照自身，发现问题，变得更加成熟坚强。这段关系，堪称是人生的转折点。

在班草之后，茗茗遇到过很多人，也谈了不少恋爱，她始终觉得，他们都不够爱自己。其实不是别人不够爱她，是她这种犹疑的心态屏蔽了很多爱的信号。越是犹疑越是求证，越是求证越是感到不足，最终形成了恶性循环。

茗茗说，人的一生，爱过谁自己肯定知道，但是被谁爱过却未必知道。

茗茗闭上眼，浮上心头的还是 15 年前的那双好看的眼睛，那眼睛似乎此刻就在她的眼前，定定地看着她，她在这双好看的眼睛里，看到了自己。

有部电视剧叫《爱上你治愈我》，茗茗的幸运在于——被你爱治愈我。

只有打开内心的症结，才能获得真正的成长。无论结果如何，都要感谢那个让自己看清楚自己的人。

30 岁那年，茗茗终于结婚了。

与"不配感"相对的是"值得意识"，勇于追求自己想要的，敢于接受自己喜欢的。回响于内心深处的，是这样一种声音："我是值得享受的，我是值得拥有的"，坚定地告诉自己，我配得上！

愿我们都能勇敢爱，勇敢求，心遂所愿，此生无憾。

享受寂寞是学会爱自己的开始

记忆中有几次大哭，都是因为寂寞深入骨髓。

那时我还在上高中，在冬天的晚上一张张地写试卷，冻得手指冰凉。起身活动一下，捧着一杯热水站在窗前往外看。窗外是很亮的月亮地儿，路灯、楼房、雪地，都看得清清楚楚。

我突然就哭了。

青春期敏感纤细的心，镶嵌在枯燥疲惫的高考岁月里，无论周边提供了多少支持，都会觉得自己是孤身行路，世界寂静无言，天地之间仿佛只剩自己。

摊开纸，平生第一次写下对一个异性的憧憬。他不必剑眉星目，英俊逼人，至少得有干净的笑容和温暖的手心，能陪我一起，度过那些寂寞甚至痛苦的时刻。

仿佛只是一眨眼，窗外的白月光，就换成了城市的霓虹。那年大学毕业，一声震耳的汽笛，脚下的土地都在微微震动。

坐在铁轨边猜火车的伙伴四散天涯。常常在醒来的一瞬不知身在何处。在梦里被人叫醒，醒来人影无踪。夕阳的余晖从房顶的天窗透进来，想到受过的苦、饮过的恨、尝过的冷暖，想到爱过的人再也不能相见。新愁旧怨齐涌，在逐渐幽暗的光线里呜呜咽咽地哭。

当时因为寂寞而仓促拉住的手，盛满的还是寂寞。时过境迁，回想起来，那段时日活得极为封闭，一个人寂寞，两个人又怕错。一颗心，在企盼与怯懦中左右摇摆。

时间如白驹过隙，转瞬间我从一个青葱少女变成了一个踩着高跟鞋走在路上的都市女郎。此时，寂寞于我而言，已经是跟随多年的体验。当年白纸黑字描摹的那个温情少年的幻影，后来想起，也只是一笑置之。

在某天，我突然明白了一个道理，人的一生，寂寞如影随形，永不消逝，只是随着你的脚步，有时站在光源中心，四面通透明亮，寂寞几近透明到微茫，有时又像在暗夜中摇曳的烛光下，被放大成浓黑的魅影。

无论身在何方，与谁在一起，寂寞，都会毫无预兆地突然而至，笼罩全身。

我们不要去试图逃离寂寞，更不要为了稀释寂寞而慌不择路寻找陪伴。终其一生，寂寞都会是我们最私密的伙伴，我们能做的，只是张开双手真诚接纳，与其友好相处。

无论是否已经遇到你的Mr. Right 或Miss. Right，这一生，你都要真心实意地跟自己谈一场长长久久的恋爱。

有一年的3月8号，等待许久的电影《萧红》终于公映了。

我知道这种小众文艺电影的票房不会太好，但没想到如此冷清。从黑灯瞎火的夜间停车场摸到大厅里去买票的时候，我发现这场电影只卖出了一张票，就是我买的，连选座都免了。我捧着可乐和爆米花，来到空空荡荡的7号厅，开启一次在电影院包场的VIP经历。

我曾很认真地读过萧红的书。她的作品，基本都买下了，在深夜无眠的时候翻看，在空白处用铅笔写下很多感慨。萧红与所有写字的民国女作家都不同。比如，文字后面的张爱玲，似乎总是微扬下巴，睥睨尘世，冷傲疏离。而文字后面的萧红，只是一个让人心疼的小女孩，这样一个孤苦的孩子，还对人世有着天真而又热切的悲悯。

萧红是双子座，她把双子追求自由的特质发挥到了极致。朋友曾经问我："你那么喜欢萧红，如果可以选，是希望她做一个平凡却安稳的某太太，还是成为一个名传后世却凄苦一生的女作家？"

其实，在我心里，某太太和女作家，安稳和自由，并不是一个非此即彼的选择，它们是可以兼得的鱼和熊掌，即便身逢乱世，与同时代大多数女子相比，萧红依然有能力收获一个自由且安稳的人生。

问题在于，她爱自由，也怕寂寞。

她不缺才华，也不缺见识，缺乏的是与寂寞相处的能力和承担的勇气。她的身体和灵魂从一个男人身上漂泊到另一个男人身上，每一个选择，看起来都是那么迫不得已。

爱情，需要的是比翼双飞，而不是别人把你从泥淖中拉上高空。

这个才情过人的女子，把自己明明可以做"大女主"的一生，活成了一个凄凄惨惨的悲情故事。在爱情中，始终受制于人，既不能全力以赴，也无法全身而退。她的天空，始终都是低的。

不要怪她遇人不淑，只因她打不破自身的桎梏。

有一次去一个南方城市，回来的时候，因为北京正在下雨而滞留机场。在一个咖啡馆，旁边一个女子一直对着我微笑。她大概二十七八岁，胸前吊着好大一块翡翠。我不太记得她的样子，但记得她波澜不惊的气质。她看上去从容、平和、温暖甚至强大。

后来发现，因为并排挨着坐在吧台前，又点了同样的东西，我因为心不在焉，竟一直在拿着她的杯子喝。

我急忙道歉，开始聊天。因为投缘，后来又要了酒。她是旅行，我也是。她说有时旅行是短暂的逃离，因为寂寞。但是在这个过程中，寂寞反而会变成一种享受。

"没有人陪你吗？"我问。

"目前没有。"她轻轻地摇头，"这世上没有人是你寂寞的解药，更没有救命稻草。如果你因为寂寞选一个人，大抵还是会寂寞。"我深以为然，选一个人可以有一个理由，也可以有一千个理由，唯有寂寞，断不可成为理由之一。

她问我看过电影《卡萨布兰卡》吗？我说看过。几个小时后，我在微醺中俯瞰夜色中的北京，想起她说，卡萨布兰卡是有些人的必经之路，就像人生，有些事就是你的卡萨布兰卡。回头再看，也许有没有出境证并不重要。

因为只要上路，必然经过。

对于我来说，寂寞就是人生中的卡萨布兰卡，而爱情，是另一条风景旖旎的道路，完全可以平行铺展而永不相交。

时至今日，我依然会寂寞，但绝不会因为寂寞而犯错。有了一点阅历之后发现，在不畏寂寞的心态下选的那个人，反而最大程度上慰藉了寂寞时的心灵，算是意外收获吧！

有了接纳寂寞的信心，大可以勇敢去爱，爱的体验如此美好，即便错了又如何，大不了及时纠错。

我下定决心，要在爱与被爱之中，度过自由饱满的一生。

PART 2

感情让我们渴望拥抱，生活让我们各自独立

最让人绝望的不是没钱，而是根本看不到希望

在我最初的北漂生涯中，有过一大段住出租房的时光。租住过的最好的一个房子是一栋复式楼，有很大的露天天台，夏天的晚上可以在上面吃烧烤。

为了分担房租，这栋房子一共住进了七个人和一只猫。除了我和猫是单身，另外有三对情侣。

回想起来，那真是一段抱团取暖的美好时光，同时也是甜蜜与伤痛共存，坚持与纠结同在的青春岁月。

当时，我在杂志社上班，其他六个年轻人准备创业。他们雄心勃勃地注册了公司，买了几台电脑，明确了分工，有出去跑业务的，有在家做设计的，有对接客户的，有负责后勤的，有管财务的。

可惜，丰满的理想与骨感的现实之间，永远都隔着那些需要艰难跋涉的曲折，那些横亘在眼前荆天棘地的困难，那些冰冷的挫败和灼热的泪水。这一切，造成了一个始料不及的结局。

公司开张半年，没拉来什么像样的业务，问题却暴露出一大堆。几个人的吃喝拉撒都需要钱，到最后，连房租都成了负担不起的成本。其实这不是最可怕的，最可怕的是三个男孩子变得越来越丧，对创业失去了信心，一时又找不到前行的方向，整天窝在家里玩游戏。

又扛了几个月，三个女孩也撑不住了，各自找了一份工作，开始打工养活自己和男朋友。

现实最是考验感情。人活着总要吃饭的，"有情饮水饱"的日子能坚持几天？

最先吵起来的一对是燕子和小付。燕子找了一份客服的工作，做得很辛苦，每天要倒一趟公交和两趟地铁去上班，还要面对客户的各种刁难和主管的严厉监督。

有时候，下班回来天都黑了，当她一路辗转，一身疲惫地打开家门，却要面对男朋友戴着耳麦，对着显示器沉迷于网络游戏的身影。除此之外，屋里烟雾缭绕，满地的烟蒂和泡面盒。到厨房一看，冷锅冷灶，连口热水都没有。

在感情中，最让人绝望的，不是没钱，而是根本就看不到希望。

我可以坐在单车后座上，跟你一起穷浪漫，但是无法眼睁睁地看着你一日日无所事事地消沉。

浪漫无关穷富，但是生活需要担当。

后来，燕子和小付开始冷战，燕子抱着被子来到楼上的阁楼跟我同住。

过了一段时间，我无意中发现一个很恐怖的现象，燕子经常在夜深人静的时候，突然从床上爬起来，光着脚，蹑手蹑脚地下楼去。

难道她梦游？

有一次，燕子下去很久都没有回来。刚好我去卫生间，就想索性去看看她到底在下面干吗。

楼梯口昏暗的壁灯，照亮了楼下卧室门口的一小片区域。隔着大块的黑暗，我看见燕子把男友卧室的门推得半开，她穿着睡衣，长发披肩地站在门口，吓得我心神一凛。

我慢慢走过去，站在她身边，发现她在无声地哭。

她的泪水那么汹涌，滔滔不断地从眼里涌出来，那一刻，我真怀疑她要流尽一生的眼泪。

月光下，她看着男友熟睡的样子，看得很贪婪，眼睛里，是深深的不舍和无奈。

她站在那里，像一个单薄的孤魂。瘦削的双肩上，似乎扛着世间所有的忧伤和寂寞。

我知道，她已经心生离意。我知道她心里是疼的，是纠结的，是百感交集的。她最想要的，是小付振作起来，给她一个留下的理由。

几天以后，因为昼夜不关机，小付的电脑显示器冒烟了。一缕袅袅升起的白烟成了压垮燕子的最后一根稻草，她又哭又闹，像疯子一样对小付大打出手。我们都吓坏了，急忙去劝，一时间乱成一锅粥。

最后，小付和燕子达成协议，燕子先搬出去住，给小付一段时间调整自己。至于两个人还能不能在一起，要看小付的表现。当天晚上，小付喝得酩酊大醉，痛哭不止，另外两个男孩安慰他：走就走吧，这种女人就爱钱！

一个月后，小付通知燕子过来取她留下的东西——结果比她想象得来得要快——小付有了新女友，据说是一见钟情，在超市里认识的。

燕子来的时候，看见她的东西被整整齐齐地打包好，摆在客厅里，有一种公事公办的意味。三年的感情了然无痕，最后的仪式倒像一种交接。

燕子来拿东西的时候，小付没露面，我们几个人帮她把东西拿到楼下，塞进搬家公司的小货车里。在门口，我看见燕子的目光在一双鞋上停留了几秒，那是小付新女友的鞋。

大家心里一时非常恻然，不知该说点什么告别语。有人告诉她，小付正站在楼上的窗前向下看，燕子淡淡地笑了笑，没抬头，她对这段恋情的告别，在那一个又一个的黑夜中，早已完成了。

有段时间，有关前任的话题大火，前任题材的电影一连拍了好几部。坐在电影院里看《前任3》的时候，我发现身边的观众，有人笑得前仰后合，有人哭得稀里哗啦。同一部电影，有人看了哭，有人看了笑——对于感情，每个人心里的痛点都不一样。其实，我们怎么去看待前任，怎么看待一段已经结束的感情，往往需要好几年以后，才能做出客观判断。

张小娴有一本书叫《谢谢你离开我》，第一次看到这个书名的时候，我竟然有被击中的感觉。感谢一个人主动离开，是多么痛的领悟。"被分手"带来的一线生机，可能要在日后很长的一段时间里才会枝繁叶茂。

在当时，大概只有活不下去的感觉，有那么长的夜路要走，有那么多难捱的痛楚，只能一个人独自背负。

就像燕子后来对我说的："你永远不晓得自己有多喜欢一个

人，除非你看见他和别人在一起。我的性格优柔寡断，有多少次都想不顾一切地挽回，无论他是好是坏都认了，直到看见我们的房间门口放着别人的鞋，才彻底地死了心。现在，我真得感谢他当年的决绝，逼得我再也无法回头。"

就像电影里演的一样，有些情侣谈着漫长的恋爱，却始终离谈婚论嫁差了一步，分手后，双方竟然都能迅速地跟别人结婚生子；有些情侣同甘共苦，一起走过最艰难的岁月，却眼睁睁地看着胜利果实被别人收割；有些情侣磕磕绊绊，不愿意为对方妥协丝毫，跟别人在一起之后，却心甘情愿地为之改变。

有时候，有些人存在的意义，可能就是为了帮助对方成长。

说得残酷一点，在对方长长的一生中，TA的感情，可能就是铺垫。后来在电脑上重看《前任3》，我看见弹幕很有意思，很多女孩诙谐地发"吴彦祖，对不起""宋仲基，对不起"，而男生发的往往是"王××，对不起""张××，对不起"……

开玩笑的那个，才是受过伤的那个。如今的幽默，说明她们已经真正地释然。实名道歉的人，往往心怀愧疚，这份愧疚可能会持续好几年，甚至是一生，是他们为曾经的不成熟而付出的代价。

我始终认为，所有的痛苦都有其价值。如果那个人的放手让你过上了更好的生活，他或她难道不值得感谢吗？

燕子和小付分手之后，剩下的那两对情侣结果如何？兔死狐悲，两个男生意识到再这样下去，自己的感情也会岌岌可危，痛定思痛之后，他们都戒了网游，踏踏实实地工作去了，如今发展得都不错。

人生哪有什么穷途末路，只要你肯努力，总会有柳暗花明的时机。

相爱又独立，才是最完美的关系

有一位颇为传奇的学姐，久不联系，在我以为她的孩子都应该会打酱油的时候，却突然传来了她的婚讯，而且新郎不是我们都知道的那位，是一个比她小五岁的男子。

传奇人物就是传奇人物。作为一个写作的人，我当然不会放弃任何新奇故事，于是兴致盎然地参加了她的婚礼。

学姐是我高中时的学姐。说她传奇，是因为她以两大特点闻名全校。一是她傲视群雄的学习成绩——从小学一年级就雄霸榜首，连高考都是全省状元；二是她差强人意的颜值和家境，基本就是白富美的反义词吧。

学姐本科时学的专业拗口到一般人都听不懂，我只知道跟航空航天有点关系。学这个专业的女生寥寥无几。所以，当学姐被外系的男生追走后，全系男生都很愤怒：这么稀缺的资源，你还来抢？

学姐的男友家里也很穷，好在两人都是学霸，奖学金拿到手软，也正是因为这样，两人才一路顺利地读完了研究生。

但读了那么多年书，到了该成家立业的时候，两个人却和平分手了，起因是男友的一句话，他说："我们两人之间，只能有一个人读博。"

学姐沉默不语，男友开始滔滔不绝地讲道理，他举了钱钟书和杨绛的例子，举了梁思成和林徽因的例子……学霸就是学霸，古今中外夫唱妇随的例子信手拈来。

"洗脑式"的说服教育目的只有一个，他希望学姐能早点工作，缓解经济压力，让他可以专心读博。

可是，学姐说："我以为你早就知道我是什么人，我不会为了做最贤的妻，放弃做最才的女。"

男友气极，竟然对一个寒窗苦读十余载的人，说出了"女博士就是剩女"这样的话。

为了说服她安心做绿叶，辅佐自己，他甚至还拿她脸大腿短皮肤黑的缺点来说事儿。

学姐知道自己长得不漂亮，早就练就了强大的内心，平时对这些话也不甚介意，这次却一反常态，她大概考虑了三分钟左右，就给这段感情判了死刑。

也有人问过她是不是过于草率，她反问："什么是好的感情？让两个人都能成为更好的自己。他为了自己变好，阻止我变得更好，与其一辈子跟他没完没了地掰扯，不如早点分手。"

没错，如果一个人强迫另一个人去做牺牲，把对方当作自己的垫脚石，无论给这套说辞蒙上多么温情脉脉的面纱，也掩饰不了其极度自私的本质。就像劣质的咖啡上浮着一大团奶油，喝到最后，还是苦。

这种情感观的差异，会在日后的相处中一点点地销蚀爱意，变成拉锯扯锯般的纠缠和折磨，倒不如快刀斩乱麻。

学霸的逻辑到底清晰，作为容貌并不可人的学姐，她深知自己只能凭借还算有趣的灵魂和秒杀常人的双商叱咤情爱江湖。

如果被抹杀了生命中最精华的灵性，随便找一份工作，然后每天只顾着回家洗手做羹汤，兢兢业业地伺候另一半，她的竞争力恐怕比不上一个厨娘。

能吸引和留住一个人的，只能是自身价值中最闪光的部分。试图以自我牺牲的方式来换取一份长久的感情，那只能把希望寄托在对方的良心上了。

这一点，学姐十分清楚。

时间转瞬即逝，几年后学姐已经拿到博士学位，并进入国内一所顶级的科研机构当上了工程师。

有一次，学姐和一个朋友约在酒吧里见面，朋友随口问："你最近忙什么呢？"学姐用手指绕着垂在脸颊上的头发说："天上有几个小卫星不太听话，加了几天班。"

这句话引起了旁边一个男孩的注意，他觉得这个满头羊毛卷的姐姐很有趣。

小男孩主动凑过来搭讪。谁说长得不好看的理工女就没有风情，当遇到喜欢的人，学姐风情万种的按钮"啪"的一声就被打开了。小男孩问她："姐姐你多大了？"学姐嫣然一笑，绕着头发说："是错过你的年纪。"

这话里的暗示意味太明显了，小男孩一下被击中。从此，他开始了孜孜不倦的求爱之路。

后来我也问过她："你不觉得你们是两个世界的人吗？年龄、环境和喜好都有差距。"

学姐说："我们为什么总喜欢用年龄、容貌等因素为自己设限？互相喜欢才是最重要的，我们先是在各自的世界中精彩无限，然后才是互相吸引。他世界中精彩的东西，我也可以尝试着去体验，不是刚好为自己的生活又打开了一扇窗吗？"

听她说完，我想起在《爱情社会学》一书中，作者孙中兴教授对爱情的理解。他认为，在一段健康的爱情关系中，伴侣双方要各自拥有完整的形态，但又能追求双方切面最大限度的契合，两个人是合为一体的，但又是互相独立的。

"大胡子作家"车尔尼雪夫斯基曾说过："爱情的意义在于帮助对方提高，同时也提高自己。"

上中学的时候，许多父母和老师都曾担心自己的孩子因早恋而影响学习成绩，其实为了能跟心上人比翼双飞，拼了命考上985名校的例子比比皆是。

你要先做最好的自己，才能拥有最好的爱情。可惜，许多人搞反了顺序。

有很多人，尤其是女性，爱到深处，就自动成了对方的配角。小到吃什么、喝什么、看什么电影，大到生活规划、事业选择，处处以对方为先。时间久了，渐渐在这段感情中模糊了自己独特的面目，失去了自己鲜灵的特点，更让对方逐渐忘掉了爱你的初衷。

当你失去了自己，即便为对方做了再多的事，最终也只能感动自己。

著名演员、歌手刘若英曾写过一本书，叫作《我敢在你怀里孤独》。在书中，她分享了和丈夫的日常："一起出门，去不同的电影院，看不同的电影。一起回家，一个往左，一个往右，卧室、书房独立，只共用厨房和客厅。"

刘若英说："相处就像是把两个独处放在一起。在一起时像黏土，形塑成第三种样貌；分开的时候像磁铁，彼此相吸却又各自独立。"如此，"才有能力去爱，去分享，去走进另一个人的内心最深处。"

主持人何炅也曾经说过类似的话："我们（明星和粉丝）的关系就是，你是主项，我是加分项。希望因为喜欢我，让你的人生有些增色，而不是把喜欢我当作你的人生。"

我觉得这句话同样适用于爱情。

独立，才是滋养爱情的最有营养的土壤。相爱并独立，才是最完美状态的感情。无论何时，都不要放弃独立生长的姿态。自己根深叶茂地扎根于大地，爱情才能结出甜美的果实。

每个人的成长，都有属于自己的进度条

　　从前，原谅我用"从前"开头，毕竟对我来说，这是太久远的事了。从前，我也有一个青梅竹马。

　　所有的青梅竹马，必定都有很多温情的回忆。但大多数的青梅竹马，都很难真正走到一起。

　　不是所有的青梅竹马都像电视剧里演的那样唯美，男孩最初都有一个过于幼稚的灵魂，最热衷的游戏似乎就是惹女孩生气，花样百出的恶作剧能一直持续到青春期。

　　十四五岁，情窦初开，对方却没有成长为自己心仪的模样。毕竟在成长的年纪，大家都是丑小鸭，你见过我罚站的样子，我见过你出糗的狼狈；你见过我不修边幅，我见过你满脸青春痘。

　　都说距离产生美，彼此太过熟稔，亲近是足够了，美却没有了。

　　等到青春哗然盛放，终于迎来最好的年华，彼此都能像一个成年人一样去打量对方的时候，才发现世事多变，人生的剧本并没有按部就班地书写。

爱情，从来都不遵守先来后到的规则。相遇得太早，有时并非优势。

有一年，我的青梅竹马来北京出差，我邀他来家里做客。那天，除了我和他，还有两三个老友，我们打开一瓶红酒，浅酌小饮，絮絮地谈些旧事。老友们很八卦，百思不得其解地究根问底："都觉得你们应该是一对啊，怎么没走到一起？"

说起来我也懊恼啊，被大家白白说了这么多年，其实我们两个人纯洁到了极点，连手都没拉过。

他对我感慨："这些年，你变化好大。"

我听出他的潜台词：你以前怎么不能如此温柔优雅？一天到晚咋咋呼呼，哪有点儿女孩子样。

我微笑着回怼："你的变化也不小。"

心里却在说：为什么你跟我在一起，永远都像个小孩子，总让我为你做这做那，却把那些担当、呵护、宠爱……都无私地给了别人？

老朋友就是这点好，话不用明说，点到即可，心里都清清爽爽。

　　他刚刚升级当爸，拿着手机到处给人看他宝贝女儿的照片，幸福溢于言表。

　　我晃着杯里的酒，由衷地说："祝贺你终于找到真爱。"

　　他随即接口："是啊，这么多年兜兜转转，或许就是为了等她吧。"

　　虽说是真心为他高兴，但听到这话的一瞬间，我还是觉得有些刺耳。忍不住抬头看他，正好他也在看我。

　　隔着我家的吧台，我和他对视了几秒，相视一笑，终于释然。

　　写过《那些年，我们一起追的女孩》的作家儿把刀说："成长最残酷的部分，就是女孩子永远要比同龄的男孩子成熟，女孩子的成熟啊，没有一个男孩子能招架得住。"这就是九把刀理解的"年少的爱情为何会失去"。

　　青梅竹马的交往常常会出现这样的问题，两个人的成长并不同步，对感情的领悟也往往具有时间差。

　　有一个男孩曾经问过我："你有没有这种时刻，突然发觉自己喜欢了一个人已经很多年，却一直没有察觉？"

　　一段感情最终能长出花，还是长出草，取决于一开始种下什么样的种子。或许，喜欢的种子早就埋下，可惜我们没有足够时间等待它破土萌芽。

成长不可逆，我们只能被年龄推动着，一路奔走前行。每个人的成长都有属于自己的进度条，我们没办法停止自己的，也没办法快进别人的。

在对待青梅竹马的态度上，大言不惭地说，我觉得自己做得十分正确。

与其等待对方有一天突然发现喜欢自己，不如静静地放手，把那段美好的过往珍藏在心里，安心地走自己的路。

耐心地等他长大，或者接受他在你面前永远也长不大的事实，都是一件很让人抓狂、很累心的事，也是一件很冒险的事。到最后，那些抱怨、委屈可能会磨蚀掉美好的回忆。人世间的怨偶比比皆是，纯洁美好的回忆却弥足珍贵。

你要明白，他只属于他的生命中适时出现的那个人。

时至今日，我和青梅竹马，已经成了亲人一般的存在。我们是彼此青春的标杆，成长的见证。从长出第一颗青春痘到长出第一条皱纹，我都可以打电话给他，大呼小叫，感慨万千。在他面前，我也有了永远长不大的特权。这样，多好！

我看着他，渐渐褪掉青涩，长成成熟内敛的男子，他也看着我，貌似一天天变得知性，彼此心里都有"哦哦，其实我知道你的原形"的窃喜。

　　人生本是一场一个人的旅行。身边的旅伴，无论相伴一段，还是相伴一生，都是难得的缘分。多年以前，我写过一本书，书名叫作《一个人的旅行》。写作的过程中，忽然想起他。于是，我在电脑上敲下一行字：

　　"岁月的微尘，沾满我的手指。三月的阳光，清澈又透明，就像当初那些纯净的快乐。我抬起头，看见你明亮的笑容。"

人生要有长期的算法，才抵得住生活的鸡毛蒜皮

　　曾在网上看到这样一条新闻，在耶鲁大学的毕业典礼上，两名优秀毕业生代表当着希拉里·克林顿的面上演了一出毕业分手戏，在全校师生的见证下，他们宣布从情侣转为朋友。他们说"过往的经历很美好，但现在，它们需要为未来腾出空间"。

　　都说，毕业季就是分手季。

　　一个门户网站通过调查发现，大学生们会在毕业或假期初期密集地提出分手。而且，还有近七成的校园情侣会在毕业一年内选择分手。

　　不是每个人都像那对耶鲁情侣那么洒脱，有很多情侣都是洒泪挥别。

　　既然那么难受，为什么还要分呢？

　　调查的数据说明，这些情侣中，16% 是因为工作后的相隔两地而分手，17% 是因为两个人步入社会没有共同追求而分手，54% 是因为生活状态不理想而分手，只有3% 是因为其他

原因。

可见，毕业分手，并不是爱情和面包的选择，而是爱情和梦想的冲突。

在这样的冲突中，爱情完败。

校园里的恋爱，成了一个被周一早上的闹钟叫醒的美梦。在梦中，可以"不念过往，不畏将来"。醒来后，年轻的情侣们发现自己一夕长大，成了一个成年人，必须面对严峻现实的考验。这是校园爱情的无瑕之处，也是生活的无情之处。

这时，一份心仪的offer，都可能成为分手的理由。

其实，毕业季分手只是人生的一个节点，放大了人生规划与爱情之间的矛盾。但是整个人生历程中，这个矛盾无处不在。

几年前，我身边的北漂朋友们像商量好了一样，突然集体掀起了一场大讨论。留在北上广，还是逃离北上广，一时间成了这个群体的共同纠结。

小城市安放不下我们的灵魂，大城市却安放不下我们的肉身。很多选择回乡的朋友正是二十七八岁接近而立之年的年纪。二字打头的青春就要过去，大城市寸土寸金的房价，却让一套婚房变得遥不可及。于是许多人选择了回老家。

伴随着回乡潮而来的，是分手潮。

如果你的梦想是岁月静好，在安逸之中稳度余生，我的梦想却是苦苦打拼，在钢筋水泥中奋斗出一个出头之日——如此大相径庭的人生观，恋情何以为继？

我有一个好朋友，北漂多年，从一个小作者苦苦熬成畅销书作家，看上去前途一片大好，却在去云南大理旅游了一次之后，突然认定那里就是自己的梦中之境，为此她做出一个让所有人都瞠目结舌的决定——放弃北京的工作，卖了房子在大理开了一家民宿，打算就此安闲舒适地度过下半生。

每天在微博上看到她睡到自然醒，起床后吃一碗客栈阿姨做的米粉，坐在院子里喝喝茶，逗逗猫，晒晒太阳，晚上读书写作，真是神仙一般的生活，羡煞我等俗人。

我像追星一样追看她的微博，对于我来说，度假一样的日子就是她的日常。对于自己抵达不了的生活，日日观摩也是一种精神满足。

然而，有个问题却浮出水面：她在大理享受生活，留在北京的男朋友怎么办？

对于她的工作性质来说，在哪儿都可以写作，与出版社编辑的沟通可以通过网络和电话完成，可是男友却不能——他从事 IT 业，离开大城市的高科技生态圈子，基本等于失业。

　　男友来大理一趟，小住数日，到处转转，一针见血地指出几个问题：大理风景虽美，人文环境却不如北京；医疗条件差，得点稍微不常见的病就得去昆明；没有太好的学校，将来结婚生了孩子，教育是个大问题……

　　在男友看来，这里只适合旅居，不适合生活；而男友说的这些，她从来都没有想过。汝之蜜糖彼之砒霜，两人一个出世，一个入世，恐怕很难携手度过下半生。只能你安守桃源，我再续红尘。并不是不爱了，只是爱情与梦想狭路相逢，摆在眼前的是一道单项选择题。我们的生活经验告诉我们，既无法迁就对方，也不能要求对方做出牺牲。重大选择面前，所有的迁就和牺牲，搭上的都是彼此的后半辈子，感情未必会因此而更加美满，反而会因此埋下极大隐患。

　　无论在生活的哪个阶段，当两个人的生活愿景和价值观分歧太大，结局只能是分道扬镳。

　　当年，杨绛先生在水木清华与钱锺书结缘，连她的母亲都打趣说："阿季的脚下拴着月下老人的红线呢，所以心心念念只想考清华。"

　　杨绛年轻时，一心一意要报考清华大学外文系，但南方没有名额，她最后只得转投苏州东吴大学。但正因为她志向高远，结识了一群同样优秀的友人。

一个乍暖还寒的春日，杨绛初次进清华看望好友，刚好碰到钱锺书出门送客。两个年轻人就这样在古月堂门口相遇了。

没有早一步，也没有晚一步。

人们喜欢将这种相遇称为缘分。缘，的确妙不可言，可每一个美妙缘分的背后，往往隐藏着更为微妙的因素，若不是杨绛有着执着的清华梦，也不会有古月堂前的偶遇。人生路上，我们遇到最多的，都是向同一个方向前行的人。

那个学期末，在清华读书的钱锺书放假回家了。他给杨绛写信叮嘱她好好补习，争取考入清华研究院，这样两人还可以再同学一年。

虽然后来，为了陪伴钱锺书，杨绛毅然终止了自己清华研究生的学业，陪丈夫远赴牛津留学。但是，她并没有做一个陪读的全职保姆——丈夫去上课时，她将所有的业余时间都放在了读书上。自始至终，杨绛的选择都指向一心要到的地方。那个地方，不仅仅有爱情，还有她的梦想。最重要的是，她和她的爱人，步履永远趋向一致。

杨绛在一百岁时，曾撰文写道："我与钱锺书是志同道合的夫妻，我们当初正是因为两人都酷爱文学，痴迷读书而互相吸引走到一起的。"

在文坛上，像钱锺书、杨绛这样并驾齐驱、同享盛名的夫妻着实不多。他们的爱情，给我们以莫大的启示。

伴侣之间，最好拥有相似的追求和精神境界，否则，既会给自己造成拖累，也会令别人徒增痛苦。

最好的爱情，是精神上的情投意合，生活上的志同道合。

当最初的激情消散后，志趣是否相投就显得特别重要了。一份志同道合的爱情，能在岁月的磨砺中历久弥新，愈来愈呈现出华美的光华。

生命来来往往，来日并不总是方长，就像心怀诗与远方的三毛，也是因为遇到了一个愿意陪她到撒哈拉看风景的荷西，才把沙漠里的日子过成了一首隽永的诗。

在爱情的上半场，可以你侬我侬，花前月下；爱情的后半场，却囿于昼夜、厨房与爱。性格差异，习惯不同，都可以慢慢磨合，三观不同，则很难将就。

有时候，我对父母的生活冷眼旁观，很奇怪老爸怎么能一辈子忍受老妈吹毛求疵的挑剔，用错了毛巾，说错了话，杯子洗得不干净，买的瓜不甜，整天为了一些无伤大雅的鸡毛蒜皮吵吵闹闹，严重影响生活质量。

既然一个这么不满，一个这么受气，为什么不离婚？

后来，随着心智逐渐成熟，我慢慢明白了，那一代人的感情观踏实而又务实，认定了一个人，就等于认可了这个人的生活方式，并且愿意共同践行，很少有各行其道的想法。在他们看来，只要大的生活目标是一致的，日常的吵吵闹闹根本构不成分手的理由。

如果两个人对生活的要求和各自的活法始终达不成共识，那么告别就要趁早。与其为此矛盾丛生，倒不如及早放手，给TA自由。一辈子太长，不要以爱的名义，让TA活得憋屈、不甘。

儿女情长，英雄气短。人生需要有长期的算法，正视当下的困境，跨过去才是彼此的通途。松开手，给自己和对方另一种可能，你的手心里，盛满的是更为深切、更为豁达的爱。

你可以岁月静好，但不能让别人替你负重前行

　　我曾经为了不学开车想了许多理由，比如，方向感差，是个超级路盲；协调性差，容易手忙脚乱……当然，种种理由都被我当时的男朋友、现在的先生，总结成一个字：笨。顶着这样的压力，突然有一天，我心血来潮决定去考驾照。

　　科技如此发达的今天，手机里多得是导航软件，汽车的智能化程度也越来越高，自动泊车功能堪称懒人神器，连入库和倒车都不用亲自动手了，还有什么理由不学开车？

　　结果一折腾就是半年，千辛万苦地考下驾照，又请了一位陪练，练习上路。

　　练车第一天，教练就把我带到了熙熙攘攘的早市上，看到接踵摩肩的人群迎面而来，吓得我呆若木鸡。大冬天，穿着厚厚羽绒服的我，紧张到全身都是汗。

　　练了好几天，几乎跑遍了整个北京城，自我感觉越来越好，似乎有点车感了。有一次练完车，回家的时候已经是晚上十点，

男友开车到地铁口接我。我提议换我开车，检验一下这几天的练习成果。

在一个丁字路口，我需要右拐驶上主路，直行道上车来车往，风驰电掣，一个空档都不给，吓得我迟迟开不上去，打着转向灯停在路口。

男友在旁边喋喋不休：

"赶紧啊，一脚油门往上冲，在这儿等到天亮也没人给你让路的"。

"你往上冒冒头他们就减速了，你怎么这么笨呢"。

"就你这样还开车呢，堵车都是你们这种'面瓜'造成的。"

……

练了好几天的车，精神上的高度紧张已经让我疲惫不堪，再被他这么一打击，刚积累的一点成就感瞬间就消失了，真想找团布堵上他的嘴，让耳朵清净一点。

等到他说出"你这几天的车算是白练了"，一下就令我火冒三丈。我狠狠地摔门下车，在夜色中扬长而去，一边走一边气得眼泪哗哗地流。

跟男友冷战了几天，他为了缓和，假意伏小做低，柔声细语地过来哄我："哎呀，女孩子嘛，驾驶技术差点也很正常，不想开咱就不开了，大不了我给你当一辈子司机。"

一辈子让他当司机？一瞬间我心里真有几分动摇。当时，我的工作特别忙，而在学车这件事上我确实蹉跎得太久了。因此，我很怀疑自己，难道我天生如此？

想起之前耗费的那么多时间，如果放弃，就统统变成沉没成本了。是骡子是马总得拉出去遛遛，于是，我狠狠心，独自一人正式开车上路了。

那天一大早出门，我开车去跟一个出版社的编辑讨论选题，一路上我小心翼翼的，很顺利地就到了目的地。但讨论的过程却并不顺利，选题的一些细节很难敲定，谈了整整一天。一起吃晚饭时，又下起了雨，地面湿滑，我有些发怵，头脑里盘算着两个方案：第一，把车放到出版社，打车回家，明天再过来开；第二，叫代驾帮我把车开回去。

出版社的那位姐姐鼓励我说："不妨自己开回去，你学车这么久了，技术上没问题。其实，你现在最大的问题是要突破心理这一关。"

于是，我战战兢兢地启动了车子。现在回想起来，也不知是如何做到的，夜间行车、高速公路、恶劣天气，新手畏惧的三大难关，被我糊里糊涂地一次性突破了。

从此以后，我信心大增，开始每天开着车招摇过市。一开始也出现过一些小事故，比如，大雪天追尾过公交车。还有一次钻进一个狭窄的胡同，穿不过去也退不出来，像个大甲虫一样卡在那里。

但慢慢地，我越来越熟练。有一天晚上，我开车走在一座高架桥上，放眼望去，CBD方向一片灯火辉煌。我放慢速度，缓缓前行，居高临下地欣赏着北京美丽的夜景，车里放着自己喜欢的音乐，还萦绕着淡淡的玫瑰香氛的味道。我突然感到，同样是坐在车里，方向盘是握在自己手里还是握别人手里，那是绝对不一样的。

想起男友说过的"一辈子给你当司机"的话，如是，或许我能感受到他对我的体谅和照顾，但永远也体验不到方向盘在自己手里时那种自由驾驭的快感。

生活永远是苦乐参半，你此时享受的自由舒缓的快乐，可能都是彼时吃苦受累换来的。痛并快乐着的过程，让生活像一杯层次丰富的鸡尾酒一样色彩斑斓。如果太过善待自己，好逸恶劳的结果只能是别人端来什么你就得喝什么，别说是淡而无味的白开水，哪怕是苦涩的黄连水，恐怕你也得咬咬牙咽下去。到那时，就是真正的"生命不能承受之重"了。

多学一门技能，比如，学开车，学外语，学编程，学理财知识，其实也未必有多苦多累，带来的回报却远远大于学习时的付出。

一位畅销书作家说，她与先生恋爱时，先生有一本在澳洲考的驾照，但他觉得北京的车流量大，路况差，一直不愿意开车，无论去哪儿都让女友接送。

有一天，她特别累，还有点头疼，实在不愿意再这样无休无止地给男友当司机了。于是，她勒令男友以后必须自己开车，并严正地告诉他："其实你克服不了的，不是北京的路况，而是自己的依赖心。"

有时候，所谓的做不到，其实是一种懒。

既然有指望，有依靠，费不费力都可以坐享其成，为什么一定要费力呢？

因为伴侣疼你，因为伴侣能干，你就可以心安理得地偷点小懒。

那这些偷过的懒，最后都会变成打脸的巴掌。

我身边有这样一对情侣，刚恋爱时他们一起创业，女的聪明，创意迭出，男的勤奋，执行力超强。在事业上，他们是一对 CP 感很强的好搭档。

几年之后，事业有了点起色。女的逐渐撤出公司的核心业务，慢慢地，连班都不上了，整天忙着四处旅游和购物。有段时间我们都称她为"朋友圈好代购"，因为她总是主动给大家打电话："我要去香港啦，你们带点什么吗？"

我也问过她："天天玩不会腻吗？"

她似乎有点小伤感，说："前几年过得实在是太苦了，大好青春累成狗。现在不想再活得那么累，人嘛，对自己好一点总没错。"

我隐隐觉得，所谓的"对自己好"不应该这么肤浅，但并没有说出来。我知道，成年人之间有一种微妙的分寸感——"你开心就好。"

日光底下无新事。变故来临的时候，总令人感觉是猝然发生，其实是日复一日、水滴石穿的结果。

坐在时光这辆一刻不停向前疾驰的车上，她只顾欣赏车窗外的湖光山色。突然有一天，发现车轮已经背离了当初设定的行程，赶紧想要纠偏，低头一看手里空空如也，这才惊觉方向盘并不在自己手中。

无论是岁月之初还是时光之外，人生的车轮都不会停下来等谁，既然无法一脚踩下刹车，那就只能被挟裹着前行，走到哪儿算哪儿。

男友生出二心，她费心费力，既要小心翼翼地提防他转移资产，又要锱铢必较地重新划分股权，一时战斗力爆表，总算保证了自己的利益最大化。之前几年节省下的心力，她都一一地补了回来。

这还不是最差的结果——虽然伤了心，她总算没伤了财。很多人在糟糕的恋情中掩耳盗铃地活着，是因为这个手他们分不起——离开了这个人，他们就像个巨婴，可能连生存都成了问题。

那些能够获得心灵自由的人，大抵都能担负起自己的生活。只有寄居在别人身上的人，才会有太多的身不由己。

我们都渴望在爱人的怀抱中岁月静好，但紧紧拥抱不代表别人可以替你负重前行。好的爱情是一场相互促进的旅程，在各自的天地里各自精彩，在共同的世界中相濡以沫，各自独立的光辉才能照亮世俗中不期而至的黯淡。

你身上有光，你的爱情才能光芒万丈。

PART 3

先要做最好的自己，然后才是在一起

没有一段关系值得你收起自己，去做别人

在一档深夜的情感节目中，看到一桩很有意思的公案。

男孩和女孩是网友，交往了一年多，几乎天天聊到深夜，也互相发过照片，但是女孩一直拒绝见面。

男孩耐不住相思之苦，自作主张跑到女孩的城市，到学校去找她。女孩百般推脱，避而不见，男孩无奈，求助于电视台，想在电视上表白，"逼"女孩出来。

经过电视台工作人员的努力，女孩终于来到现场，一上台，大家都鼓起掌来，是一个非常漂亮的女生，看上去跟英俊的男孩非常般配。

但没想到，双方聊了没几句，男孩却面沉如水，站起来激动地问道："你到底是谁？"

观众都丈二和尚摸不着头脑，男孩说："声音不对，感觉也不对，不是我要找的人。"

兜了一大圈，总算弄清楚，这一年来，虽然女孩一直在与

男孩通话，但是她发给男孩的却是自己室友的照片，也就是刚刚上场的那个女生。

又经过一番周旋，神秘的女一号终于在大家的翘首以盼中现身了！

一时全场寂然无语——上场的女孩是个体重200多斤的胖姑娘。如果仅以颜值作为衡量标准，她与男孩的差距实在太大了。

对于这一点，她自己也心知肚明，所以当男孩要求见面时，她便陷入了深深的纠结之中。对于她而言，呈现真实的自己，没有勇气；停止交往，又舍不得。万般纠结之中，她选择了一个下下策——让室友冒充自己，先稳住男孩。

她给自己定了一个目标：减肥成功之日，就是她与男孩相见之时。

顶着一个虚假的人设谈恋爱，真是别有一番滋味在心头。无法做真实的自己，恐怕是世界上最累人的事。

人设崩塌之后，其实最伤心的人还是女孩自己，她从手腕上摘下一个镯子还给男孩。这是男孩送给她的生日礼物，也是他们的定情信物。

男孩低着头，迟迟不接，女孩的手伸在虚空的空气里，良久良久，一点回应都没得到。在电视屏幕前面，我都为他们捏一把汗了。

关于这段感情的走向，男孩说："一天下来，接受的信息量太大，我需要好好消化消化。"

谁都能听出来，这是敷衍之词。

It's over.

他们的感情到头了。

靠伪装换来的爱情，无异于饮鸩止渴。

人生不如意十之八九，我们难免嫌自己没有名牌大学的学历，没有模特那样的大长腿，恨不得被魔棒一指，一转身就变成仙度瑞拉，生活从此改天换地，再也不是平平常常的模样。

可惜，灰姑娘的水晶鞋只能穿到午夜十二点。生活不是童话，强加在自己身上的幻象给不了我们终生幸福。

曾看过一篇志怪小说，在那篇小说里，穷困书生郁郁不得志，通过某个偶然的契机钻到一幅画里面，从此过着夜夜笙歌、乐不思蜀的生活。即使他如此舒心畅意，他的家人和朋友还是拼了命地把他救了出来。

海市蜃楼再美，终究是假的，短暂的狂欢会令人付出沉重的代价。现实再不完美，也是我们安身立命的基础。正视、接受自己的缺点和不足，才是一个人最有勇气的表现。

　　刚开始谈恋爱的时候，或许我们都稍微伪装过，想给自己加上一层滤镜，变得比原本美好些、迷人些。为了获得爱情而稍稍美化自己，这几乎是求爱的本能，连雄孔雀都知道为了吸引异性而开屏。

　　然而，你不可能一直美化自己来迁就对方。一个爱你的人，爱的是你原本的样子。只有当TA爱的是原本的你，这份爱才会长久。所以，最好也最聪明的做法，其实是坦诚地做自己。

　　《红楼梦》中的两个重要女性角色——林黛玉和薛宝钗——是可以拿来举例的一对典型。林黛玉外冷内热，而薛宝钗则外热内冷。林妹妹是大观园里活得最自由，也最真实的女子，她的一颦一笑都是发自内心的真情实感。但她说话尖刻，爱耍脾气，整天要贾宝玉妹妹长妹妹短地哄着。相比起来，薛宝钗处事大方，言行举止堪称完美，阖府上下无不称赞。

　　与林黛玉的尖酸小性相比，宝姐姐外表给人的感觉是热的。但是，慢慢读下去，却发现薛宝钗内心极冷。听到金钏的死讯时，旁人不禁落泪，而薛宝钗则"淡淡的"；尤三姐殉情，柳湘莲皈依佛门，薛宝钗听说仍是"淡淡的"。薛宝钗的"淡淡的"，像一杯总是开不了的水，热情周到地与人相处，实则谁也进入不了她的内心世界。

　　这样一个冷漠的人，为什么要在交际中表现出处处体贴、时时逢迎的态度呢？当然是有目的。薛宝钗种种目的中最大的目的，就是嫁给宝玉。薛宝钗嫁人，嫁的是门第。而林黛玉是性情中人，她的爱情观，则是寻找人生知己。

所以，无论是在读者心中还是宝玉心中，薛宝钗都是永远的女二号，而林黛玉，则成了真性情的代言人。

在综艺节目《奇葩说》中，高晓松谈到了他对爱情的看法：

什么是好的感情？让我们都能成为更好的自己，这是最重要的。

什么是更好的自己？就是纯良的自己，诚恳的自己，磊落的自己。这是人生最重要的，而不是谈恋爱。

人生的最后，我们各自成为最好的自己，那才是一段最好的感情，无论是一段，还是一生。

成为最好的自己，并不是装成最好的自己。

我们都渴望遇到对的人，遇到真挚的爱情，让爱激发我们的潜能，指引我们成为更优秀的自己，而在遇到对的人之前，我们要做的就是保持真实的自我，以最真诚的态度对待爱情。

做真实的自己，面对自己喜欢的人，你心里才有底气。

没有一段爱情值得你收起自己，去做别人。失去了自己，你还能用什么去爱人？

如果你想和 TA 相处一生，请确保你是在用真实的自己和
TA 相处，而不是费尽心思扮演成一副 TA 喜欢的样子。伪装
或许可以为你带来一时的吸引力，但是为了维持这种人设，你
会付出相当大的代价，这个过程是非常痛苦的。

正确的心态应该是：我是这样的一个人，如果你喜欢，那很
好，如果不喜欢，那就算了。我无法假装成一个不是自己的人。

一定要对自己诚实，诚实面对内心的人，就会少了很多纠
结。而纠结，是这世界上最没用、最耽误时间的事儿。

爱尔兰诗人罗伊·克里夫特写过一首诗，名字就叫《爱》，
言简意赅地说明了这个问题：

我爱你，

不光因为你的样子，还因为，

和你在一起时，我的样子。

我爱你，

不光因为你为我而做的事，还因为，

为了你，

我能做成的事。

我爱你，

因为你能唤出，我最真的那部分。

聪明的人知道要什么，智慧的人知道怎么要

某综艺明星说过一句话，非常有名："15 岁觉得游泳难，放弃游泳，到 18 岁遇到一个你喜欢的人约你去游泳，你只好说'我不会'。18 岁觉得英文难，放弃英文，28 岁出现一个很棒但要会英文的工作，你只好说'我不会'。人生前期越嫌麻烦，越懒得学，后来就越可能错过让你动心的人和事，错过新风景。"

错过与够不着，根本就是两码事。

这个世界上，大多数事物都是相互匹配的，我们买了一身好衣服，都知道要穿一双好一点的鞋去搭，何况人与人呢？

恋爱也并不是一件很简单的事，它要求两个人最起码能聊到一起，能玩到一块，见识和品位不能相差过大。如果两个人根本就处于两个段位，不但没有共同语言，也没有共同的追求，这场恋爱谈起来能有什么乐趣呢？

我曾经在网上看过一个很让人心动的故事。

　　一个叫刘文静的女孩，从偏远的山区来到上海的一家饭店当服务员。她长得很漂亮，找了一个白领男友。然而，由于她的起点实在太低，这场恋爱谈得十分吃力。无论是男朋友还是男朋友的朋友，他们说的话她总是听不懂。而且，在他们聚会时，她的谈吐和衣着也总显得格格不入。

　　她意识到自己与男朋友差距实在太大，于是一点点地改变自己，努力想缩小这种距离。但即使是这样，她的恋情还是遭到了男友父母的强烈反对，即使她不顾尊严地跪地恳求，也没有任何回旋的余地。

　　在经历了被迫分手之后，她意识到，问题的症结其实在自己身上——自身不改变，无论去"高攀"谁，都可能是一场"镜花缘"。

　　于是，她开始下功夫改变自己。这姑娘下的苦功令人咋舌，她重新拿起课本，拼命读书，参加了高考，又拼命赚钱，半工半读地修完了本科学历。

　　后来，她谈了四场恋爱，男朋友一个比一个优秀，但因为底子太薄，每一次都谈得很纠结。她常常悲哀地想，人与人之间的差别真大啊！然而，在每次踮着脚"往上够"的过程中，她逐渐脱胎换骨，变成了更好的自己。

这里最重要的，不是她踮着脚"往上够"的姿势，而是她为此付出的实实在在的努力。那不是一个轻松的过程，破茧成蝶的蜕变，往往伴随着撕心裂肺般的疼痛和艰辛。

我从刘文静身上，看到一种大智慧。

有人说，聪明的人知道要什么，智慧的人知道怎么要。

刘文静就是那种愿景清晰，路径也很清晰的人。

没有人不想嫁给心目中的男神或者迎娶心目中的女神，爱上TA们或许很容易，可是怎么才能让人家也爱上你呢，你身上有什么能打动或者吸引TA们的呢？

很多人根本不考虑后一个问题，觉得只要自己运气足够好，就能达成这个心愿。于是把所有的时间和心力都花在制造与TA们交往的机会上。悲哀的是，大多数人终其一生，都得不到一个邂逅男神或者女神的机会，因为大家根本就不在一个圈层中，很难相遇。

只有自己足够优秀，才能配得上同样优秀的人。这么质朴的道理，总有人不愿意承认。

所谓台上三分钟，台下十年功。世界上的很多事情都有番外篇，爱情也不例外。

那些谱写了爱情传奇的人，大多都有一部精彩的前传。

能让美女注目的，大多都是英雄。能和王子偕老的，大多都是公主。

说句刻薄的话，我们历数一下外国那些嫁给王室的平民王妃，大抵只有两种结局，要么就是出身虽低，但是后天各种修炼，不断为自己加码，一点点地"垫高"了自己；要么就是出身也一般，能力也一般，最后下场悲惨。

爱情这码事，往往具有一种马太效应。越是不缺的人越是充裕，往往不费吹灰之力就吸引了大批优秀资源；越是匮乏的人越是无人问津，左突右奔找不到出路。

比如，民国才女林徽因，徐志摩爱她爱到如痴如狂，金岳霖一生对她念念不忘。即使是她的丈夫，出身名门的梁思成，在新婚之夜还受宠若惊地问为什么会是他？

不去看那些追求者有多优秀，只看林徽因本人，知书达理，秀外慧中，十几岁就跟着父亲游历欧洲，学问和见识都远远在一般女子之上。

为什么能收割男神，因为她本身就是女神啊！

比起形象，我们的状态更是价值千金

　　每个人都有过状态不好的时候，似乎衰神上身，什么事情都变得有点不对劲。

　　朋友小锦经人介绍去相亲，对方没相中她，却给了她一张美容院经理的名片，说相识一场，可以帮她一把，让她按照名片上的地址多去美容几次，这样脸色会好很多。

　　小锦很愤怒，她是来找对象的，不是来找美容院的。出了门，她就把名片扔了。

　　那段时间，小锦总是遇到这类莫名其妙的事。

　　跟她见面的时候，我发现她的状态有点颓废。染过的头发褪了色，潦潦草草地用一根橡皮筋绑在脑后。有些发胖，昔日好看的腰线不见了，身上一件肥大的卫衣遮掩着小腹上的赘肉。

　　状态好不好，会直接体现在外表上。首先，皮肤就是人体最大的一个显示器；其次，发质、身材、表情，甚至眼神，都在默默地告诉别人，你得意还是失意，舒展还是压抑，作息是否规律，饮食是否健康……

一个人的状态，是对自己综合管理的结果，无论你最近是太忙，还是太累，只要疏于照顾自己，身体就会通过无数的细节告诉别人——你过得不好！

其实，陷入低谷并不可怕，最可怕的是陷入糟糕的状态后无法自拔。

心理学中有一种破窗效应，通俗点说就是破罐子破摔。当一个人一旦开始不自律，熬夜，吃很多垃圾食品，对自己的外表漫不经心……这种状况就很容易愈演愈烈。

就像小锦，情场上失意，职场上也不得意，实际上，都与她这种颓废的状态有关。我问她，最近怎么了，以前那么精致的一个人，怎么不捯饬自己了？

她说，她等待了好几年的一个升职机会，被总部派来的一个姑娘夺走了。那姑娘长得漂亮，虽然年纪比她小两岁，但工作能力却不容小觑，让她不得不心服口服。

心灰意冷地辞职之后，她痛定思痛，总结出一个道理：纵使你容颜如玉，在职场上打拼也得靠实力。想想自己，花费了大量的时间在美容、穿搭上，简直是浪费生命。职场不是看脸的地方，打扮得再好看，也不如好好提升自己，玩命工作。

她的这个理论，我不甚认同：

职场或许不是一个完全看脸的地方，但上司是不是要提拔你，绝对要综合评估你的状态。穿戴是否得体，精力是否充沛，斗志是否昂扬，都是要考量的因素。情场更不用说了，尤其在相识之初，谁会愿意接纳一个不修边幅或者散发着负能量的人？

我的闺密经常批评我说话刻薄，她说："当你批评别人的时候，要设身处地地为人家着想。或许，人家没有你的条件。"

"哦，是吗？愿闻其详。"我说。

她愤愤地说："你们这些怎么吃都不胖的瘦子，注定要比我们这些喝凉水都胖的人活得舒服。因为你们可以省下我们那些节食、减肥的辛苦，把时间和精力都用在工作和学习上，当然更容易出成绩了！"

我真不知道她这种奇谈怪论是怎么得出来的。

上天不会厚待任何一个懒人，在这一点上老天绝对公平，丝毫不用怀疑。她觉得我怎么吃都不胖是种幸福，但这显然是不对的。我告诉她，我也办了健身卡，每周都要去进行增肌塑形的力量训练，除了正常的三餐之外还得多吃两顿加餐，每天也是折腾得不亦乐乎。

因为瘦不代表美，更不代表状态好。尤其是女性，25岁以后，胶原蛋白开始流失，婴儿肥褪去，不运动不健身，女人就会变成一根羸弱的竹竿，连件晚礼服都撑不起来。

我们总觉得有些人天生就是人间尤物或者天之骄子，比如那些女明星，产后三天就恢复了身材，四五十岁还是冻龄美人，似乎命运对她们格外慷慨。殊不知，没有人能随随便便成功，也没有人能随随便便好看。

明星也是人，当然也要面临肥胖、衰老等问题，在状态管理上，他们要比平常人付出更多。殊不知，我们舔屏膜拜，抱怨自己不能天生丽质的时候，人家也许正在汗如雨下地健身呢。

你如何运用时间，时间就会如何回报你。

看看身边那些似乎很轻易地就能升职加薪，很幸运地遇到好的恋爱对象的人，有哪个是一状态不佳，就活得潦潦草草，得过且过的？

有句话这样说："你永远都不知道，下一秒会不会遇上王子。"人与人之间的缘分总是在生活中任何一个不经意的瞬间，扑棱棱地迎面而来。如果你的状态一向还好，偏偏那天头发蓬乱，白色衬衣的领子有点脏，鞋子上有灰尘，或者刚刚吃了油炸臭豆腐，那么……

台湾作家席绢说："要知道，太丑的落难公主，白马王子就算出现了也是不会出手相救的，更别巴望会被一见钟情了。"

有些人总把无法脱单的原因归结为缘分未到。自我检视一下，到底是缘分未到，还是自己状态不好呢？

我曾经采访过一个知名企业家，明明已是知天命之年，他看上去却一点都不油腻。

他告诉我，在他十几岁的时候，母亲就告诉他，男人的身材比女人更重要。当时他感到不解，觉得女孩子爱美，注重身材，糙老爷们儿的身材有什么重要的？

被母亲逼迫养成健身习惯之后，他才逐渐明白了这句话的含义，并且切身体会到身材好带来的种种福利——他经常去国外与客户谈判，那些有健身习惯的欧美人，看到他的好身材，特别容易把他引为同类。

而且，一个人能够持续健身30年，每周的健身时间都达到10个小时以上，充分说明这个人自律、有毅力、能吃苦，别人自然愿意与他合作了。

但我想说，比起形象，我们的状态更是价值千金。当我们学会呵护自己，照顾好陪伴我们整整一生的皮囊，及时疏导负面情绪，保持乐观的心态，让自己由内而外地散发光芒，时刻保持最佳的精神状态，在人群中自然会引人注目。

与其投资婚姻，不如投资自己

　　我结婚的时候，一个女性友人痛心疾首地说了一句话："你的人生已经失败一半了。"

　　千万不要误会这是恶毒，我很了解这位朋友，她现实中就一直是这么想的，认为婚姻是人生的第二次投资，是一次人生逆袭的宝贵机会。所以她这句话是真心实意地为我感到惋惜，但我并不同意她的观点。

　　婚姻是人的终身大事，当然很重要，但是，它并没有重要到能颠覆我们的人生，让我们实现人生飞跃，瞬间变成人生赢家的程度。虽然现在人生赢家这个词特别流行，但我一向讨厌用"输"和"赢"来定义人生的意义。人生本来就是一个取舍和选择的过程。我们永远都不会知道哪个选择是更正确的，能让我们更成功和快乐，因为这根本无从比较——你没有选择的那个选项，这是一个永久的悬念，漂浮在命运的幽深之地。

　　然而，那些未知的选项在某种意义上也充实了我们的生命。

我们在一个个的选择中生长、成熟。实际上，这正是人生的迷人之处——一个又一个的未知，带来永恒的希望，吸引着我们坚定地走下去。

选择了一个人，就等于选择了一种生活方式。这种生活方式肯定是我们自己想要的，且与自己契合的，既不需要我们俯身将就，也不需要我们引颈攀附——要知道这两种姿势都是很累人的。

我有一位芳邻，年纪很轻，长得也美，但眉宇间却总有一股郁郁难解的怨气。

现代都市的生活中，即使住在对门的邻居，也大多是点头之交。但是因为她家总是吵吵闹闹，弄得动静很大，慢慢地，对她的家事，左邻右舍也略知一二。

有一次，她父亲来看她，却被她的婆婆拦在门外，让他先把包里的东西拿出来逐一抖落一下，以免把蟑螂带进屋里。

她站在门口大哭大闹，边哭边说："如果我爸是开奔驰来的，你们绝对不会怀疑他带来蟑螂。"

听起来，两家的门第似乎有些差距，但婆家的这种态度也实在令人难堪。

后来，她找到一份兼职卖护肤品的工作，经常在晚上敲开我的家门，热情地推销产品，顺带唠叨一下自己的生活，开场白总是："你是学心理学的，帮我分析一下。"

她的问题实在简单到没有什么可分析的，无非就是一个起点比较低，自己又不上进，嫁人后被婆家看不起的故事。

结婚之前，她在商场的专柜卖化妆品，但对工作缺乏热情，经常完不成销售任务。后来结婚生子，安安心心地在家相夫教子。本来这也很好，却又因为跟公婆住在一起，陷入没完没了的婆媳矛盾里。

她唯一的职业经验就是卖护肤品，按理说应该对美容护肤知识有点研究，可是听着她那颇不专业的推销话术，我推断她对这份工作并不上心。

她不停地对我诉苦，诉说着自己并不怎么宽裕的童年，住很小的房间，读普通的学校，刚毕业的时候没有钱，住地下室吃泡面……一直期盼着嫁给一个有钱的人，好改善自己的生活状况。似乎此前所有吃过的苦都要在婚姻中得到补偿。

你的未来拿不出手，谁愿意听你凄惨的过去？

许多女孩在看《灰姑娘》的故事时，并不同情厨房里受人欺压的仙度瑞拉。她不就干了点家务活，受点冷眼吗？可老天给她的回报是多么的丰盛——一个真正的王子！

"当一则童话中主人公的境遇和它的象征意义打动了一位读者，这就意味着它恰恰揭示了读者自己的生活构想。"德国的一位心理学家说。

每个女人都有穿上水晶鞋变公主的"灰姑娘情结"，但它变成现实的可能多半只发生在电影里。

与其等待王子来把自己变成公主，不如自己努力把自己变成公主。不是每个灰姑娘都能遇到王子的，只有正视自己现状的灰姑娘，才能经营好自己的生活。

早一天面对现实，就能早一天得到幸福。

一个人在结婚之前，如果没有自己的一方天地，指望在别人的屋檐下扬眉吐气，自由舒展身心，恐怕是非分之想。

婚姻可以成就一个人，家也可以是我们的后盾和无助时的倚靠，但婚姻不是点金术，不能让人一夜暴富，从顽石变成钻石。抱着这种期待去寻找结婚对象，很容易在现实面前撞得头破血流。

曾经有人问著名投资人查理·芒格："如何才能找到一个优秀的配偶？"

芒格说："最好的方式就是让自己配得上他（或她），因为优秀的人都不是傻瓜。"

一直想写一写我的一位好友的故事。

她的故事，是我见过最有代表性的在婚姻中成长和蜕变，最终变得光彩夺目的事例。

她的先生很多次半真半假地说："如果不是我拯救你，真不知道你现在会变成什么样子。"

结婚之前，她很爱玩，喜欢泡酒吧，喜欢旅游。当时，我俩几乎结伴玩遍了整个中国。她笃信不婚主义，担心被家庭束缚住自由的脚步。后来，遇到她的先生，两人一见钟情，爱得死去活来。于是什么"主义"都变得虚无了。25 岁时，她就披上了婚纱。

婚后，夫妻俩一起创业，不到 30 岁就实现了财富自由。生完女儿后，先生打理事业，她从家庭生活中脱身出来考了 MBA，向另一个人生目标迈进。

这是不是像一个特别顺遂的童话？实际上，我与她做了多年好友，亲眼看到她身上发生的点点滴滴，知道这并不是一个顺遂的过程。生活中永远都有一地鸡毛的时候，她也会跟先生爆发激烈的冲突，甚至一度陷入抑郁，把自己关到房间里三天三夜不出来。

告别单身，走进婚姻，每个人都有需要适应的地方。然而，所有被婚姻成就的人，都有在婚姻中迅速成长的能力。

有很多人能够在婚后升级认知，重新体悟到自由、责任的含义。比起无拘无束的单身生活，婚姻提供了另外一种人生体验，让我们在这种体验中收获更为饱满、充实的生活——这才是婚姻的最大意义。

夜深人静的时候，我与好友聊天。当谈到所谓的自由，她说："单身的时候，以为自由就是一场说走就走的旅行。现在才明白，自由不拘于形式，而是关于一个人能对自己有多大的担当。当一个人的能力更强，责任就更大，被更多的爱滋养的同时，也能回馈更多的爱，自由指数已经悄悄地升高了。"

另一方面，对她而言很重要的一点是，她与先生的强强联合，加速了成功的速度，但是婚姻只是她成功的一条辅助线，并不是必要条件。因为在结婚之前，她就是某公司的管理层，有一份很好的工作。

说到底，一桩婚姻能否令人感觉幸福，与它能给予我们的自由度和支持息息相关。如果我们本就是凤凰，婚姻或许能助我们涅槃，变成更好的自己；如果我们本来就是一只凡鸟，婚姻只能是一个精美的笼子，也许这个笼子能让我们在其中衣食无忧地终老，但绝不能让我们脱胎换骨成为凤凰。

最完美的控制，就是不控制

　　我曾经担任过一个比较尴尬的角色，帮助别人转交分手费。地点是在我公司的楼下。就餐时，男生点了一份简餐装装样子，然后拿出一个信封，让我帮他转交给即将成为前任的女友，也就是我的闺密。

　　"这次是为什么？"我问。知道他们分分合合很多次，而且男生有过劈腿的前科，所以我如是问道。

　　男生低着头，小声说："我跟她在一起完全失去了人身自由。自从上次那件事之后，她对我严防死守，每天都要把我的微信、QQ、电子邮箱查一遍，我连洗澡都把手机带进卫生间，防止她接我的电话。要是女性打过来的电话，她会没完没了地盘问人家，吓得我的同事现在都不敢给我打电话了。"

　　我为自己的同学鸣不平："明明是你有错在先，让她失去了安全感！"

　　"你说的没错，但是杀人不过头点地，因为我犯过错就这样没完没了地监控我，谁受得了？坐牢还有个期限呢，跟她在一起简直就是无期徒刑。"

这次，我无话可说了。

他长叹一口气："你也知道，她那个人有多少花多少，向来没有积蓄。这钱你帮我转交给她，应付不时之需吧！"

我听了有些恻然。这段感情真的走到山穷水尽的地步了吗？有多少分手，其实是可以不分的，而只是交往模式出现了错误？

在恋爱中，有些人需要一切尽在掌控中的感觉，一旦失去这种笃定感，他们就会焦躁、抱怨，感到不安。

控制欲是人类原始的本能之一，每一个人或多或少都会想要控制住一些人或事。

实际上，控制欲强是内心恐惧的表现。但现实生活中，并不是每个人的控制欲望都能得到满足，于是许多人就很容易产生焦虑、抑郁的情绪，甚至有些极端的人会因此做出过激的行为。

德国曾有位恋爱狂人，他是一个有着极大控制欲的人。对于身边的人，他也施加着这种控制欲。他宣称自己一生最爱一个叫格莉的姑娘，可是他的控制欲却要了她的命。

格莉17岁与他相识，住在他在慕尼黑为她准备的一处住所里。后来，她把这间住所称为"镶金的牢笼"。他严格限制格莉的自由：她的信件要经过他的检查，她不能像同龄的年轻男孩女孩那样单独外出参加晚会、结交朋友，也不能像他们那样结伴旅游。出门的时候，她的身边不是他，就是他派的中老年保镖。

对于格莉内心的痛苦，狂人的摄影师看在眼里。有一回，摄影师对他说："先生，看来格莉苦于被监视的生活，她很不开心。我注意到，即使在舞会上她也不能尽兴。您难道希望她如此与世隔绝吗？"

他回答说："我很牵挂格莉的前途，这您知道，我所拥有的一切中最为珍贵的就是她，我把保护她看作是我的任务，把照管她、为她挑选朋友看作是我的权利。这在格莉看来是限制自由，但我其实是出于明智的考虑——我不想让她落到骗子手里。"

但格莉显然不能理解他的"良苦用心"，没过多久，格莉便选择了开枪自尽。

格莉死后，这位狂人在很长时间内茶饭不思，把她的肖像挂在了墙上，每逢她的生日和忌日，就在相框周围装饰满鲜花。他的悲伤似乎是真实的，但他交往过的好几个女人都自杀了，这绝不是一种巧合！

　　一般而言，控制欲只是控制者自己的心理需求，却并不能控制事态的发展。控制者并不都是强大的，反而是心理上的弱者，有的控制行为也是无意识的，是控制者为了抚慰自己的焦灼与不安。

　　事实上，控制对对方是无效而有害的，最直接的后果是破坏关系，让控制者和被控制的人之间变得越来越疏离。

　　所以，控制永远只能是一种欲望，没有人会被真正地控制住，所谓的"被控制住"往往只是对方为了某种需求而做出的妥协。事实上，被控制的人很痛苦，控制者本人也很痛苦，因为被控制者常常是控制者的心理遥控器，一举一动都牵扯着控制者的情绪。

　　无论是谁，一旦成了控制者，就会越来越紧张、恐惧、失望。然而，并不是所有的控制欲都表现得像那位狂人那样强势，生活中有很多隐性的控制者，更是控制人于无形。

　　当人们对自己的伴侣说："我对你这么好，为你付出这么多，你却忍心这样对我……"他们大概没有意识到，对方感受到的也许不是爱意，而是一种控制。当人们以爱的名义，以无微不至的"关爱"慢慢地把对方控制成与自己"一体"，殊不知，被爱的那个人却有说不出的滋味。

这种看起来是"我对你那么好"的模式，实则是当事者本身都无法意识到的一种隐秘心理——以"我对你这么好，你都不可以满足我的需求吗"来让对方产生愧疚，进而达到控制的目的——这其实是一种情感上的勒索和绑架。

是的，"爱"与"控制"的模样是不同的。控制者是紧张的，内心有爱的人则是放松的。

一个有控制欲的人，除非内在的空虚得到填补，否则就不可能放下别人，也难以解放自己。当你掌控别人时，你同时也被掌控；如果你绑住别人，别人也会绑住你。

我们可以对人有期待，却不必处心积虑地控制他人。假如我们能够坦然接受任何事实，就战胜了在心理上胁迫我们的危机。一个人最大的安全感，来自能够打开心门，坦然接受事实。同时努力控制自己的情绪，勇于对自己的生命负责。

有一回，记者采访香港某知名女星："像你丈夫这样的国民影帝人人都爱，但其实他并不一定是个好相处的人，你在生活中该怎样才能驾驭他呢？"

这位女星回答："对丈夫，最完美的控制，就是不控制。"就像那个经典的比喻：爱情好比抓在手里的沙子，手握得越紧，反而越从指缝中流走，放松一点，倒能捧在手心里。

作家张小娴说过："爱一个人，只有两条路：要么给他自由，要么变成很棒的女人，到时候，说不定是他想要成天盯着你呢。"

牢牢地抓着一个人，其实并不代表真正拥有，你一疏忽，TA 可能就会趁机跑掉。

最聪明的"恋爱家"，是好整以暇，等对方来抓自己。

我要提升自己，使自己愈来愈好，愈来愈有魅力，你就会愈来愈想跟我长相厮守，愈来愈担心失去我。

我们控制不了别人，更控制不了对方会遇到更好的人。我们能做的只有让对方发现，弱水三千，你是最适合TA 的那一瓢。

你很爱TA，但是请记得，不要控制TA，而且不能把TA 当作你全部的世界。除了TA 之外，你还要有自己的事业和生活，自己的乐趣和圈子，甚至自己神秘的一隅空间。你在自己的世界中华丽绽放，才能让TA 倍感自豪而更加珍惜。

爱情需要缘分，更需要努力变优秀的你

我有时候会对我先生感叹："婚结早了，不然还会遇到更好的。"他很得意地说："怎么可能？像我这样好的人，你错过了就再也遇不到了。"

我实事求是地说："比你优秀的人很多，但问题是，他们会不会看上我！"

有时候，他也想抚慰我，假惺惺地说："如果早十年认识你就好了，白白浪费了那么多时间。"

我很煞风景地说："早十年相遇，你大概看都不会看我一眼吧。"

我说的是实话。

我刚来北京的时候，经济条件实在是差，衣服都是在批发市场和地摊上买，虽然是穿20块钱的T恤也能好看的年纪，但是毕竟每天上班出入在高档写字楼里，只好买来时尚杂志，用便宜的衣服模仿上面的穿搭，让自己看起来尽量体面、时尚一点。

那时，我租住的房子是城乡结合部的自建房，没有独立的卫生间，第一次去公共卫生间的时候，一开门我就退出来了，那里面的卫生状况实在是令人崩溃。

为了不用卫生间，晚上回家以后我就禁食禁水。直到很久以后，我在压力很大的时候，都会梦到想如厕却找不到干净的卫生间，就是那段时间留下的心理阴影。

有一个周末，我正在用电饭煲蒸米饭，同事来给我送东西。一聊起来，我就忘了按下开关键。一个小时之后，大米还泡在冷水里。

同事看我过着这样的日子，同情地说："找个男朋友吧！"确实，找个男朋友，两个人抱团取暖，生活肯定能有所改善。

那时正是我风华正茂的年纪，追求者就像脸上的青春痘一样，时不时总会冒出几个，但是我一直没有谈恋爱，单身了五年。

好友曾经很惊讶地问我："五年啊，1825天啊，你怎么做到的，你不寂寞吗？"

当然，寂寞的时候也很多，但我确实没有遇到心动的人，每天拼命工作，奔波在公司和出租屋之间，没有精力拓展自己的社交圈子，也没有机会去认识更多的人。而且，我深知，以我当时的条件，根本没有挑剔别人的资格，只有被别人挑拣的份儿。

虽然我们都想找到更好的人，但是恋爱是两个人的相互考核，我们无法让别人放低身段来迎合自己。

我从来都不相信灰姑娘或者《简·爱》这样的故事，我觉得一个人如果整天幻想着"霸道总裁爱上我"或者"loser（失败者）娶了白富美"，绝对会为自己的成长拖后腿。

五年以后，一切都不一样了。我已经有了一间自己的小房子，虽然很小，但是地段很好，装修精良，作为一个北漂女孩的单身公寓已经足矣，起码不用再为肮脏的卫生间苦恼。我也不再总是为钱担忧，还得起房贷，在业内小有人脉，不愁没活儿干，可以半年工作、半年旅游。总之，我的身心都很自由，可以从容地谈一场恋爱了。然后，我就在合适的时间，遇到了合适的人。

我所说的适合我的人，不是霸道总裁，也不是罗切斯特。他要能包容一个文艺女青年不接地气的怪异想法，容许我为了自己的梦想折腾，允许我每天有大量的独处时间。

为了迎接最好的爱情，努力让自己变得更好，才是王道。

有一次，去参加一个女性创业者的峰会，嘉宾中有一个我非常喜欢的女孩子，她从事着一份很小众但很酷的事业——经营着一家马球俱乐部。

她真的是一个相当优秀的女生，被誉为"中国女子马球第一人"，还曾经与英国王子打过马球。

但聊过几次之后，我才知道，真正让她下决心创建这份事业的，竟然是爱情。

在一次活动中，她曾对一个人一见钟情，于是问他："你喜欢什么样的女生？"对方回答："我喜欢极致优秀的人。"

她回家以后就不停地琢磨，什么样的人才算是极致优秀？想来想去，她也没有想明白，但她唯一可以肯定的就是，自己现在还称不上极致优秀。

后来，她一直在优秀的路上努力奋进。她选择了自己最热爱的领域，成立了女子马球学校，为中国精英女性搭建起一个学习马球的平台，并传递积极、健康、正能量的生活方式。

我不知道她最后有没有跟自己喜欢的那个人在一起，但是，她变成了一个非常优秀的人，这是毋庸置疑的。

还有一位嘉宾更厉害，她读大学时爱上了一个男生，男生说自己喜欢玩游戏，所以自己的女朋友一定也要喜欢玩游戏，免得日后为了这事吵架。于是，她也开始玩游戏。你以为她只是玩游戏，她却玩成了世界电竞冠军，取得了大多数同龄人无法企及的成绩。

这些聪明的女生把追求爱情和追求优秀完美地统一在了一起。她们并不是为了爱而去逢迎谁，而是能够证明自己可以达到对方的高度，然后可以用平视的视角去看对方眼里的款款深情。在追求爱情的路上，她们并没有失去自我。

爱情需要缘分，但是变得优秀不应该拖延。无论爱情是否如期而至，都要心静如水，踏踏实实地沉淀下来，让自己一天天地变得更好。

要相信，所有的努力都不会白费。爱情，是给优秀的你最甜蜜的奖励。

PART 4

生活需要彼此成全，
你可以吃甜，我可以吃咸

要忠于自己的生活，
也要理解别人的生活方式

　　一个夏日的午后，一个男子坐在公园的长凳上吃榴莲。这个场景很有意思，一个成年人像个孩子一样把榴莲拿到公园来吃。

　　他很细致、也很贪婪地用勺子吃掉了半个榴莲，把果皮扔进了垃圾箱。再从包里拿出一瓶矿泉水，仔细地漱口。随后又拿出一瓶漱口水再次漱口，最后往嘴里扔了一块口香糖。

　　这是我在一部电影中看到的情节，我很奇怪，这部电影要讲什么，开篇以这么拖沓的节奏展示一个人吃榴莲的过程，谁有耐心看下去？

　　突然，镜头给了男子的脸一个特写——他竟然哭了，先是一行行地流泪，然后眼泪越来越汹涌，终于泪流满面。

　　到此，我才起了一点好奇心。

　　随后，剧情缓缓铺开，以缓慢的节奏，讲述了一个已经逝去的爱情故事：

当男子还是男孩的时候，爱上了一个同样年轻的女孩。一开始，一切都很美好，两个人都喜欢运动，常常在傍晚的山间小路上一起跑步，然后汗流浃背地拥吻，夕阳的余晖把他们映照成一对浪漫的剪影。

然而，令人不快的分歧很快就出现了，就像一只完美的白瓷碗，先是出现了一道罅隙，然后裂痕越来越多。

男孩是南方人，饮食精致，喜欢煲汤；女孩是北方人，吃得有点粗犷。男孩无辣不欢，女孩吃辣就会长痘。男孩讨厌女孩生嚼葱蒜，女孩对男孩吃榴莲深恶痛绝。男孩是"晨起型人"，早睡早起；女孩是夜猫子，深夜里像猫一样在屋子里走来走去……

时间长了，激情如潮水般退却，日子似乎一日日地显出乏味。

餐桌上，两人沉默地对坐，女孩的筷子从来都不伸向桌上的菜，她起身从冰箱里拿出一袋榨菜，挤到米饭里。

晚上，女孩蜷缩在房间一角看电影，幽暗的蓝光闪闪烁烁，投到男孩脸上，他烦躁地扯过被子蒙上头。

生活习惯的不同，牵扯出各种各样的问题，南北文化的差异，婚恋习俗的不同，原生家庭不同的氛围……种种差异引发的矛盾越来越多。

　　两个不能相容的胃把两颗心扯得越来越远。两人像扯着一根橡皮筋一样，松松紧紧，远远近近，都想同化对方。于是，橡皮筋的弹性考验着他们感情的韧度。

　　最后，男孩母亲的一句话成了压垮这段恋情的最后一根稻草。她说："儿子，你跟这个人在一起，吃不好，睡不好，一辈子怎么捱？"

　　于是，那根橡皮筋断了——男孩向女孩提出了分手。

　　当时两人正在吃饭，女孩低头不语，眼泪一滴一滴地落在面前的粥碗里，她默默地喝完了这碗咸涩的粥，抬头擦干泪水，同意了。

　　女孩拉着箱子开门而去，从此消失在人海中。男孩则继续演绎着属于他的悲喜人生。此后，他又经历了几段恋情。然而，问题无处不在，分歧时刻都有：过年去谁家？房子买在哪个地段？度假是去海边冲浪还是去雪山滑雪？

　　他渐渐发现，在生活细节上能由着他的性子来，而且从来不举反对牌的恐怕只有他母亲。

　　他终于想清楚了：自己不能一生都做一个妈宝啊。妈妈眼里的孩子，在另一个女人眼中却是一个强壮的成年男人。而这个世界，对孩子和对成人的要求是不一样的。

后来，他又交了一个新女友。新女友同样不喜欢榴莲的味道，于是他就在外面吃，漱完口、嚼完口香糖后再回家。新女友对鲜花过敏，于是他拔掉了家里所有的花草。

电影用蒙太奇的手法，把男子不同阶段的人生交叉展现。女孩们在身边来来去去，生活的本质却始终没有变。

于是，在那个慵懒的午后，空气中飘来棒棒糖的味道，草坪上飞舞着七彩的肥皂泡。无缘由地，他突然想到了自己的初恋，想到了分手那天她的眼泪如同断线的珠子一样落在碗里。为什么现在看起来都不是问题的那些问题，当初就成了攀不过去的大山？

答案很简单，如果你想解决问题，这个问题就有解法；如果你不顾别人的感受，总给问题设置利己的方案，那你本身就是问题。

上大学的时候，有一天跟室友出去划船。她跟男友分手了，一脸生无可恋的样子。

她说前男友有点大男子主义，我请她举例，她说："比如，一起出去玩，你想吃肯德基，他非要吃麦当劳，怎么办？而且永远都吃麦当劳，从来不让我进肯德基的门，怎么办？"

我瞪着她，心想这傻妞怎么能问出这么幼稚的问题呢？如今你都难过得不想活了，却不能舍弃一顿肯德基？

多年以后，我才明白，不是人家幼稚，是我幼稚。

生活中没有多少非死即伤的选择，大多数都是你想吃甜，我想吃咸；你想看悬疑剧，我想看科幻片。吃肯德基还是吃麦当劳，这看似简单的问题，日积月累，却足以让人头疼。

当我自己也开始恋爱了，才发现，我能接受的，至多是这顿吃肯德基，下顿吃麦当劳，凭什么让我永远迁就你的味蕾，就此失去吃自己喜爱食物的权利？爱一个人，应该那么辛苦吗？

为了别人放弃自己的喜好，一天，我能做到。一生，请原谅，我做不到！

在感情中，我们必须容忍自己和别人都有隐私的部分，在包容的心态下，找到一条迂回的小径，让两个人能够舒服地相处。爱情不是一个真空的水晶球，再美好的爱情，都要安放在世俗生活里。

接受两个人的相同点，当然毫无难度；接受彼此的差异，需要成熟的心智和接纳的心态。这话说起来非常简单，却可能是在挨了生活几个响亮的耳光之后才体会出的道理。

你忠于自己的生活，也要允许对方生活。爱情中没有百分百的契合，只有一种追求天长地久的态度——求同存异。

所谓量身定制，不过是甘愿为彼此改变样子

　　年少的时候，我们都曾经在心里勾勒过另一半的形象。那是一种甜蜜的憧憬，令人暗生欢喜，像是要去赴一场未来的约会。月上柳梢头，人约黄昏后，这样浪漫的想象使等待变得值得。我们坚信，当然会有那样一个人在这个世界的某个角落等待着自己——非你莫属。

　　等真到了婚恋的年龄，把找个人结婚像模像样地提上日程，突然发现，城市里到处都是相似的面孔，穿着相似的衣服，挣着差不多的薪水，过着差不多的日子。走在熙攘人群里，个个面目模糊，那个能一眼入心的人在哪里呢？

　　又或者，第一眼看过去，你觉得在茫茫人海中认出了TA。时光流逝，又觉得对方跟自己心里的人还有差距。有很多恋爱都是始于心动，终于了解。

　　过尽千帆皆不是，寻觅了太久，你也倦了，累了，甚至有些心灰意冷。

怎么办？

朋友中有一个相亲狂，据他自己说已经相亲超过了一百次。大多数都没有眼缘，彼此能入眼的，在短暂交往之后也因为各种原因分开了。

新年伊始，我们聚在一起玩桌游游戏，他又央求大家给他介绍女朋友。我们问他想找什么样的，他煞有介事地拿出一张表格，上面密密麻麻地列出一整页条款，目测至少有一百多条。有身高、年龄、学历、是否是独生子女、普通话是否标准这些硬性标准，还有性格温柔、能听进去道理这种软性标准，看得我头晕目眩。

他说，给他介绍女朋友的话，需要在每个标准后面画勾。如果匹配度能达到90%以上，只要对方愿意，他们可以直接结婚。

我把表格还给他，告诉他，在我身边找不到这么严丝合缝地符合他标准的人。如果他有耐心的话，可以再等等，等人工智能（AI）技术更先进的时候，私人订制一个机器人女友。

事实上，真有这样一部电影《她》——讲述了一个人与AI机器人恋爱的故事。主人公西奥多与妻子凯瑟琳从小一起长大，在学业和事业上互相帮助，但随着时间的流逝，两人在生活中渐渐产生了"不同频"的现象。西奥多选择了在妻子面前封闭自己，回避沟通和交流。于是，爱情一点点消散，两人最终选择了离婚。

后来，西奥多迷上了电脑操作系统里的女声，这个叫"萨曼莎"的女声不仅有着性感的嗓音，并且聪明幽默、善解人意，抚慰了西奥多孤独的心灵，让他不由自主地爱上了"她"。

人与人之间恋爱的本质障碍，是要克服强大的自我意识，真心接纳另一个人与自己的不同之处，进而建立起亲密、牢靠的关系。所以，亲密关系的构建一靠沟通，二靠磨合——这其实是一个漫长的、耗费心神的过程。

而西奥多与萨曼莎恋爱则不存在这些烦恼——既不用担心有分歧，也不用承担责任。对西奥多来说，萨曼莎是个完美的恋人。

可是，问题很快就来了，萨曼莎的学习能力和学习速度远超人类，而且她同时还在和8316个人说话，同时还"爱"着其他641个电脑用户！

当西奥多的认知水平与萨曼莎相差过远的时候，这段看似完美的人机之恋也结束了。

影片的最后，西奥多给自己的前妻写信："亲爱的凯瑟琳，我永远爱你，因为我们一起成长，是你让我成为今天的我。我只是想告诉你，我的心里永远都有你的位置，你无可替代，我为此感恩。"

每个人都有自己的择偶标准，但标准是要基于现实而定的，就像世界上没有两片完全相同的叶子一样，谁也不是流水线上标准化生产出的产品，没有办法提前设置属性，做不到完全吻合某人的想象。

一个女明星曾经说过一句话："他满足了我对男人的所有幻想。"这句话姑且当情话听听就好——事实上，这位女星与男友早已分手多年。

想找一个完全符合自己想象的人恋爱，本质是一种懦弱和懒惰——因为畏惧磨合的痛苦，就想直接找一个符合自己喜好的人嵌入自己的生命中。

世界上不存在没有痛苦的爱。如果一个人在爱情中没有感受过痛苦，这种感情一定不是爱情。每个人都有自己的弱点，而爱一个人，就是敢于把自己最柔软的部分呈现给对方，并为了适应对方而做出改变。

这个过程必定苦乐交织，甚至痛彻心扉，所以这个人才令你刻骨铭心。而恰恰是因为经历了这一路的痛苦心酸，最终，爱情才能升华为"执子之手，与子偕老"的信念。

磨合不等于失去自我，而是确立一种包容后的自我，我们不再只想着自己，还会把对方纳入自己的生活中。最好的爱情不是天作之合，而是彼此的相濡以沫、不离不弃。

适合我们的不仅仅是一个人，而是一类人。一个人是否适合自己，与我们自身的努力程度有很大关系。所谓合适的人，没有绝对的标准，大概是三观相似——像齿轮一样，既能环环相扣，又互相推动。

你伴我风雨，我付你柔情。

最高级的关系，就是彼此成全。

我时常有病，你永远有药

张爱玲的《倾城之恋》中有这么一段对话：

范柳原在细雨迷蒙的码头上迎接白流苏。他说她的绿色玻璃雨衣像一只瓶，又注了一句："药瓶。"

白流苏以为他是在嘲讽她的孱弱。然而，他又附耳加了一句："你是医我的药。"

当时不觉得这个比喻有何巧妙，长大了才明白，一个"药"字真是耐人寻味。

才女徐静蕾曾经在微博上悄悄地秀恩爱："九年多以来，我时常有病，你永远有药。"

十年前，如果我看到这句话，可能会觉得这就是一句表白的情话。如今看到，真真切切地感到此中的深意。

音乐组合水木年华的一首歌中有这么一句歌词："我有两次生命，一次是出生，一次是遇见你。"

这不仅仅是一句充满文艺腔调的唯美歌词，其中也隐含着心理学的原理——心理学家武志红也说过，每个人至少要经历两次"诞生"，第一次是从妈妈的子宫里出生，第二次是恋爱。最早与我们建立亲密关系的人是父母。但是，我们无法选择父母，不论他们的品行、为人是好是坏，我们都得接受，而恋爱关系却是我们可以自己选择的。

好的爱情具备一种疗愈功能，甚至能修复童年时期的一些心理创伤，让我们变成一个全新的人——人格更加独立，内心更加稳定。

这种疗愈并不是一个顺理成章的过程，当我们在成长中积累的一些问题在恋爱中密集爆发的时候，对方可能会被我们吓到，从而望而却步；有些人可能撕开了我们的伤口，却不知如何治疗，就把我们血淋淋地扔在那里，扬长而去……

一个好的爱人，是自己专属的"药"。TA不是心理医生，却能用足够的爱意和耐心容纳我们性格中的缺陷，引领我们走向更宽阔的天地。

自从认识我先生以来，我觉得自己的情商越来越低了。以前，我总觉得自己为人玲珑剔透，比钝感力十足的他不知要强多少倍，而他却总批评我活得累。

我总说他像个树懒一样，反应永远慢半拍，他却说我急躁兼浮躁，做事没长性。

有时候，我们出去跟朋友聚会，我常常被他的我行我素气得要死，回家后大发其火："你没发现某某都有点不高兴了吗？你没听懂某某的言外之意吗？你今天的表现简直太差劲了……"

终于有一次，他慢条斯理地对我说："大家一起出去玩，最重要的是开心，没人像商务谈判一样注意你的表现是不是得体，你要学会照顾自己的感受。"

后来，我开始学习心理学，渐渐承认他说的不无道理。他从小生活在比较亲密和谐的家庭氛围中，父母给予了他充分的关爱，使他的自我认同度很高，不太容易被外界的评判干扰。

而我却有一对暴躁易怒的父母，因此我很小的时候就学会了察言观色，形成了一种讨好型人格。时刻担心自己做得不够好，于是很容易被别人的一点明示、暗示影响心情，有时候甚至是庸人自扰。

尝试着改变之后，才发现这世界别有洞天。当你真诚、友善、温暖地对待别人的时候，别人也会善意地包容你身上的小毛病、小棱角，那甚至还能成为你独特的魅力。总之，较之以前，我更喜欢现在的自己。

伴侣身上最被我们欣赏的，最值得我们学习的，肯定是我们欠缺的那部分特质。

就像某特立独行的女星，当被问道"你喜欢你男友什么"时，她直言男友不纠结、不焦虑的性格十分吸引自己，还反复强调"我觉得这个品质太好了。"

这个女星有一个虎爸，从小对她非常严苛，各方面都按高标准要求她，并且说一不二，而她只有照办的份儿。在这种环境下成长起来的孩子，长大后特别容易拧巴，外表安静文雅的她内心其实非常敏感、叛逆。

而她的男友是一个自我人格成长得非常好的人，为人温和、幽默。

这样一个男人像一块柔软的海绵，吸纳了她的不安，拥抱她内心那个敏感叛逆的小女孩，并成为她的药，疗愈了她内心深处隐藏的暗伤。

对的人，就是让你变得更好的人。一段美好的爱情，必定有让彼此变得更好的魔力。

愿我们每个人都能找到自己的"药"，以爱作药引，在岁月中煲煎，足以疗愈余生。

配得到你的人，都会让你感到值得

第一次听到"优先级"这个词，是很久以前从电视节目里的一个计算机博士口中听到的。

彼时，他用IT术语来阐释感情上的事，我觉得有趣，就上网搜索了一下，虽然有很多专业词汇，但基本意思我还是看懂了：

优先级是计算机分时操作系统在处理多个作业程序时，决定各个作业程序接受系统资源的优先等级的参数。各个作业在输入计算机之前，都要按一定的要求对它指定优先级……然后计算机根据各作业程序优先级的高低，来决定处理各程序的先后次序。

甚至，在处理过程中还能允许优先级较高的程序中断优先级较低的程序……如果即将被运行的进程的优先级比正在运行的高，则系统可以强行剥夺正在运行的进程的CPU，让优先级高的进程先运行。

看了这个解释，我忽然想起一件事。

去年，我跟一个女同事去上海出差，回程坐的是高铁。

就快要上车了，她突然接到一条微信，有人问她几点到北京，说要去车站接她。她立刻变得很紧张，拖着行李箱去卫生间换衣服——因为旅途之中奔波劳累，为了舒服点，我们俩都穿得比较休闲。我是无所谓，但她不愿意对方看见自己风尘仆仆的样子。

大热的天，她躲在狭小的卫生间里换衣服。折腾了一番后，她热得满脸绯红。好容易换完装，低头看见脚上的平底鞋，她又"哎呀"一声，沮丧万分。

原来，为了少带点东西，我们提前把一部分行李打包发快递了，她带的高跟鞋已经先她一步"回了"北京。我劝她说，你个子这么高，穿平底鞋也很漂亮。她犹豫了一会儿，竟然决定马上到附近的虹桥机场买一双高跟鞋。

我坐在候车室等她，感叹陷入恋爱中的女人真是疯狂。等她拎着一双闪亮镶钻的昂贵高跟鞋气喘吁吁地跑回来时，列车马上就要开动了。

一路上，她几次拿出化妆镜补妆，显然，她对这个来接站的人相当重视。

高铁临近北京的时候已是深夜。她的手机又响了，那个人竟然在列车就要进站的时候通知她，自己来不了了！

当然，他也做了一番解释，说他本来在办公室喝茶，就在马上要出门的时候，局长突然来了。局长想跟他闲聊一会儿，他不好推脱，怕给局长留下坏印象，所以只能跟她说抱歉了。

这下子，她有些手足无措了——没人来接，又没有提前约车，只能拖着行李箱去排队打车。

下车后，看她情绪低落，我提议找个地方吃点夜宵。

她告诉我，这个人追求她很久了。他很细心，善解人意，风度翩翩，人品也不错。她其实很喜欢他，但是一直没有接受他的感情。或许，女人都是直觉动物吧，她总觉得有什么地方不对劲。通过这件小事，她终于想通了这段关系的症结所在。

在之前的交往中，她隐约有所察觉，在这个人心里，仕途重过亲情，重过友情，重过爱情——有一次，因为要陪上司做体检，他甚至缺席了爷爷的葬礼。

一句话，所有与仕途有关的事，在他心里都是第一优先级，PK掉生活中其余的一切。

很多女孩都会拒绝下班后约会，因为觉得自己不被重视。但是，男人觉得自己有苦衷——男人活得累，要养家糊口，要发展事业，没那么多时间和精力耗费在感情上。

然而，逢迎不等于敬业，如果依照我的处事态度，可能会直接对局长解释：真的抱歉，已经答应了要去车站接一个朋友，今晚不能陪您聊天了。

工作之外，你有你的私人时间，我相信那位局长既然能做到管理层，他的心胸不会那么狭窄。再说，如果你真的是局长看重的左右手，他怎么会跟你计较这点小事呢？

作家亦舒说过："一个人走不开，不过因为他不想走开；一个人失约，乃是他不想赴约。一切借口皆属废话，都是用以掩饰不想牺牲。"

何况，类似接站这种小事，根本谈不上什么牺牲。

反过来，这种不愿意为爱情做一点点牺牲的人，当风平浪静的时候，大家或许还能和睦相处。有朝一日，当你影响到他的前途时，他可能会毫不犹豫地放弃你。

曾经看过一个很有深意的漫画故事。

分手半年前的一天，女孩早早起来梳妆打扮，期待着与男朋友的约会，因为那天是两人恋爱两周年纪念日，一年前他们曾经约好，第二年、第三年，第十年，第二十年……有生之年都要一起庆祝。男孩还承诺，将会在两周年这一天，给女孩一个大大的惊喜。

但她等了整整一天，男朋友也没用出现。女孩忍不住发微信问男孩在哪里。他回复，今天周末，约了哥们儿打游戏。

分手前三个月，女孩看见男孩的学妹总是发微信跟他调情，便与男孩大吵一架。

分手前一个月，男孩在客厅里打了整整一夜游戏，第二天昏睡了一天，忘记了自己曾答应过女友陪她逛街。

分手前一周，女孩在朋友圈看见别人秀恩爱，想起她与男孩已经很久都没有过小惊喜了。而且，就连一些心疼她的小细节也没有了——打伞的时候偏向自己，害得她被雨淋；点菜的时候忘记她不吃香菇，给她点香菇饭。

分手前三天，女孩发现那个学妹又给男孩发微信，装哭扮可怜，但她心里毫无波澜。

分手前半小时，两人点了外卖，男孩的先到了，女孩饿得肚子咕咕叫，问男孩要一颗卤蛋。男孩说不行，他就是为了这颗卤蛋才点的这个菜，然后赶紧把卤蛋一口吞下。

吃完那顿饭，男孩去上班了，女孩给他发了一条微信，上面只有三个字：分手吧。

那一刻，她感到前所未有的轻松。

　　男孩觉得，女孩简直是无理取闹，竟然因为一颗卤蛋就跟自己闹分手。

　　我们当然都希望有个人能特别爱自己，一生都把我们当成TA的优先级，随时愿意为我们修订TA的日程表。

　　在现实生活中，这确实是很难的，"从前车马都慢，一生只够爱一个人"的年代已经过去了，忙碌的生活让现代人难以兼顾太多，我们会不会在繁忙琐碎的生活中忽略了彼此？

　　然而，谁的生活都是开门七件事，谁都在工作和生活中兜兜转转，在平衡各种关系中，谁都是在走跷跷板。无论有多少理由，真有苦衷还是冷漠敷衍，有心人还是看得出来的。

　　任务再怎么多，先执行哪个，决定权还是在系统手里。如果总是被剥夺CPU，对于系统来说，这个程序应该是可有可无的吧？与其等着哪天被卸载，还不如先行转身。

　　一段圆满的感情，不必动辄就送999朵玫瑰，也不用非得弄个惊天动地的大场面出来让人铭记终身。所谓秘诀，唯有用心而已。

　　一万次的失望累积起来，就是渐行渐远；一万次的小感动累积起来，就是一生一世。

　　当年，被誉为女神的某影星嫁给了一个丑帅丑帅的摇滚歌手，记者问她为什么选他做自己的盖世英雄时，她说："他对于我，从来是只把心思放在我身上。"

恋爱中，我们最终求的，不过是对方心里有自己。

如果一个人不是以你值得拥有的方式对待你、珍视你，就不配得到你。

生活需要彼此成全，但首先要自己成全自己

"轻轻的我走了，正如我轻轻的来；我轻轻的招手，作别西天的云彩。"

徐志摩的诗，曾经打动了多少人。他不但才华横溢，更是那个时代敢爱敢恨、义无反顾追求真爱的标杆。他与几个知名女性的情感纠葛，更成了似乎永远也说不完的话题。

几个女子中，出身书香世家的张幼仪是徐志摩的原配妻子。他们的婚姻持续了七年，而对于两人的感情，无论是徐志摩生前，还是徐志摩死后，张幼仪都甚少提及。

有人说，这是由于她的大度和隐忍。她与徐志摩的婚姻，用徐志摩的话来说就是"媒妁之命，受之于父母。"

徐志摩对张幼仪的态度始终是鄙夷的。第一次见到张幼仪的照片，便不屑地说："乡下土包子！"而实际上，张幼仪出身书香门第，接受过良好的教育，绝不是没有文化、没有见地的旧式妇女。

婚后，徐志摩仍旧是这种鄙夷的态度，张幼仪曾这样说："除了履行最基本的婚姻义务之外，（他）对我不理不睬。就连履行婚姻义务这种事，他也只是遵从父母抱孙子的愿望罢了。"

1920年，在两人已经育有一子之后，迫于家庭压力，在国外留学的徐志摩把张幼仪接到了国外。刚刚与丈夫团聚不久的张幼仪没有想到，此时的徐志摩正在疯狂追求林徽因。因此，没过多久，徐志摩便向她提出了离婚，而张幼仪当时已有两个月的身孕。

徐志摩得知后只是说："把孩子打掉。"张幼仪担心打胎会有危险，徐志摩竟说："还有人因为坐火车死掉的呢，难道你看到人家不坐火车了吗？"

张幼仪不答应打掉孩子，也不同意马上离婚，于是徐志摩一走了之，把她一人撇在了异国他乡。产期临近，张幼仪无奈之下只能向自己的哥哥写信求救才平安诞下孩子。

次子出生后，张幼仪与徐志摩在柏林签字离婚——这是中国历史上依据《民法》执行的第一桩西式文明离婚案。签好离婚协议后，徐志摩跟着她去医院看了儿子，张幼仪回忆道："（他）把脸贴在窗玻璃上，看得神魂颠倒"，但是"他始终没问我要怎么养他，他要怎么活下去。"

　　在与徐志摩一起生活的时候，张幼仪根本谈不上快乐。她幼承闺训，不想离婚，也怕做错事。于是终日委曲求全，但还是受到很多伤害。去德国后，她遭遇了人生中最沉重的怆痛：与丈夫离婚，心爱的幼子夭折——人生的至暗时刻，如同一张阴郁的大网，铺天盖地笼罩着她。

　　后来，张幼仪为这段凄凉彷徨的生活做了一个生动的比喻："我是秋天的一把扇子，只用来驱赶吸血的蚊子。当蚊子咬伤月亮的时候，主人将扇子撕碎了。"

　　如果说张幼仪的婚姻悲剧是时代造成的，就像很多旧时女子那样，一旦嫁了人便一生都要依附于这个男人和家庭。但那显然是不对的，事实证明，张幼仪虽然恪守传统道德，但也有着独立自强的傲骨。离婚后，她进入裴斯塔洛齐学院学习，专攻幼儿教育。回国后，她还创办了云裳公司，主政上海女子储蓄银行，成了令人瞩目的时代新女性。

　　可是，在离婚后，她仍然在为徐志摩不断付出。回国后，她被徐志摩的父母认作继女，照样服侍徐志摩的双亲，徐的母亲在她那里"各事都舒服，比在家里还好些"。除此之外，她还悉心抚育她和徐志摩的儿子。

　　甚至，台湾版的《徐志摩全集》也是在她的策划下编印的。

徐志摩对张幼仪如此薄情和残酷，张幼仪对徐志摩的感情又如何呢？有人问她爱不爱徐志摩，她是这样说的："你总是问我爱不爱徐志摩。你晓得，我没办法回答这个问题。我对这问题很迷惑，因为每个人总是告诉我，我为徐志摩做了这么多事，我一定是爱他的。可是，我没办法说什么叫爱，我这辈子从没跟什么人说过'我爱你'。如果照顾徐志摩和他家人叫作爱的话，那我大概爱他吧。在他一生当中遇到的几个女人里面，说不定我最爱他。"

作为一个妻子，她完全可以被冠以"贤惠"之名；作为一个女人，她为一个自己也搞不清爱不爱的人付出了几乎整整一生——在离婚三十年后才再婚。

男人、女人都可以享受选择的权力，同时也保留被选择的姿态。女人在众人面前流下泪水，别人又会给予她多少同情呢？生活需要彼此成全，但首先要自己成全自己。

徐志摩死后多年，他曾经苦恋的林徽因缠绵病榻，想要看一眼徐志摩的儿子，因为他的相貌酷似父亲。张幼仪满足了她的心愿，亲自带着儿子去探望。但是，林徽因只是看了一眼张幼仪，一句话都没跟她说。

在几个人的关系中，张幼仪始终都是被忽略的那个。她成全了所有人，可谁来成全她呢？

缘尽难再续，如果张幼仪能像自己的前夫写的那样："轻轻的我走了，正如我轻轻的来；我轻轻的招手，作别西天的云彩"，那她的一生是不是能更幸福一些呢？

给不了就放手，得不到就转身，生活给我们的余地并非那么狭小。

成全永远都是双方互相给予的，一个丝毫不懂得成全你的人，为 TA 牺牲和付出都是多余，与一段不合适的感情彻底挥手告别，是对自己最大的成全。

PART 5

在过度依赖中迷失，在适度依赖中幸福

这一路不是没你不行，而是有你更好

有人曾在微博上发起过一个话题——"追到喜欢的人是种怎样的体验？"本来，这应该是一个暖心的话题，却有人发了一段视频，是他偷拍的他妻子蹲在卫生间用一个大水盆洗衣服的场景。此人还配了一段话：

"当初为了追你这个大学校花，送了多少花，你闺密为难我，你亲戚为难我，现在还不是乖乖给我洗衣服，生俩宝，当免费保姆。"

然后，竟然像接龙一样，下面全是这样的言论：

"当初追了四年你才肯嫁给我，现在还不是给我做饭洗衣？"

"当初害我追了好久，现在还不是……"

怎么回事，不是越难得到的就越珍惜吗？才几年工夫而已，怎么就画风突变，这些人字里行间都是一股得了便宜还卖乖的张狂，看不出对伴侣的半点珍爱之情。不但令人寒心，而且让人恶心。

更令人心酸的是，这几位当年容貌都是校花级别的女子，日子过得都不算太好。从视频拍摄的环境来看，房间很简陋，甚至可以说寒酸。那个被老公称为"免费保姆"的女子，更是蹲在一个狭小的卫生间里，周围被破破烂烂的杂物包围着，连转个身都难。

是不是这些校花都嫁错了人，"大好的青春喂了狗"？

这件事也得分两面看，感情生活既然是两个人的事，两个人就都有责任。

为什么当年山盟海誓的爱情今日却成了过眼云烟？在责怪对方的同时，是否也该反思自己呢？

我们的幸与不幸，都不能完全归罪于其他人。我们每个人都是独立、有尊严的个体，正因如此，才让我们有爱的能力！

无论当年多么美丽或英俊，颜值这种东西，都会随着时间的流逝而逐渐贬值。无论你曾经拥有多么倾国倾城的容颜，都不代表你能有一个令人惊艳的未来。

很多长得好看的人，一生中最璀璨的高光时刻，往往就停滞在颜值巅峰的那几年。他们的好生活，往往源于美丽，也止于美丽。人生路漫漫，若没有其他的加分项为自己增色，在恋人的心里，必然会像一幅陈年的画，越来越黯淡。

我有一个朋友，曾经暗恋坐在对面的女同事三年，但那个女同事当时已经有男朋友，而且条件远胜于他，因此他不敢表露自己的爱意，只能努力工作。

没想到，短短几年时间，一切都变了。

女同事结婚生子后，辞职做起了全职太太，她的丈夫把家暴、劈腿等种种戏码演了一个遍，然后两人离婚，她一下子成了单亲妈妈。

有一天，他开车去上班，在车窗里看见自己心目中的女神在北京的大风天里骑着自行车，长发被吹得凌乱，融入熙熙攘攘的人流中，俨然成了路人甲，他不由得一阵心酸。

他很困惑地说，为什么美好的女子过不上美好的生活，为什么好白菜都被猪拱，为什么女神一样的她，却被人轻贱？

很简单，任何时代都不缺美女俊男，年轻时长得好的人有很多，真正能决定后半生生活质量的，永远都是自身的努力。

民国时有一位著名的影星叫杨耐梅，在那个没有PS的年代，她的照片也令人惊为天人。她能歌善舞，读书时就名声远播，是个名副其实的校花。富商父亲本来打算送她出国深造，但不喜欢读书的她却选择了做演员，而且一举成名，被称为"民国第一艳星"。

　　手握一手好牌的杨耐梅，怎么看也不会活得很差。但是，本就生活奢靡，挥金如土的她却染上了赌博、抽大烟等恶习。很快，她的命运就出现了转折——有声电影的时代到来了，因为普通话不好，她从此失去了演出的机会。

　　跌到人生谷底之际，世交之子向她求婚。她抓住了救命稻草似地走进了婚姻。可惜，好景不长，由于战乱，她丈夫经营的公司破产了，一代影星最后竟然沦为街头乞丐。

　　生活中有一种怪现象，有些人好像跟谁在一起都会幸福，似乎他们本身就"幸福力"满满；有些人好像跟谁在一起都是错，问题摞着问题似的，总是遇不到那个对的人。

　　其实，找对人还是找错人，被人珍视还是被人鄙夷，很大程度上取决于我们自己的独立性。

　　说到独立，我们脑子里首先跳出的字眼大多是"经济独立"。但实际上，损害了大多数人生活的往往不是不会赚钱，而是比经济独立更难的情感独立。

　　或者说，情感独立是经济独立的底层逻辑——一个追求情感独立的人，是不会把自己置于荷包空空的窘境的。

　　有人说，我们找另一半是为了抵御风雨，没想到风雨都是另一半带来的。

感情，是你的盔甲，还是你的软肋；是成为避风港，还是变成风雨本身，就要看你如何看待感情，在情感中能否做到真正的独立。

有些人事业做得不错，在其他事上也杀伐决断，很有魄力，但一遇到感情上的事就优柔寡断起来。要么过度付出，把大好青春付诸一人，日复一日地消磨在琐事上，把个人提升抛诸脑后；要么虽然能做到感情事业两不误，但是不够洒脱，把感情牢牢地锁死在一个人身上，放不下在这段感情上投入的成本，以致受到轻慢也一忍再忍。

这样的人，没有被谁勒索，却被自己绑架了。绑架他们的，就是他们曾经的付出。因为他们为某个人牺牲得过多，如果放弃了这个人，就等于放弃了曾经的付出。为了不让这些已经发生的不可收回的支出统统变成人生的"沉没成本"，他们宁可陷入不断付出以维持现状的恶性循环。

但其实他们心里清楚得很，这样的循环也是不能长久维系下去的。所以正确的方式应该是这样的，我们要向恋人传达这样一种信息—— 这一路，不是没你不行，而是有你更好。

即使我全心全意地爱你，也不代表你就可以无条件地拥有我，可以随意地对待我，如果你令我不满，我也会转身离开。

　　在一段情感中，我们更需要以这种态度去唤起爱人之间的良性互动。如此，你的感情生活才不会有天塌地陷的感情故障。

　　幸福永远都是你个人的内心感受，最终能为你负责的只有你自己。痛苦与幸福，从来都是一枚硬币的两面。

没有人负担得起别人的人生

　　曾经大火的一部电视剧《我的前半生》，是根据香港作家亦舒的小说改编的。亦舒的小说写尽了人世情爱之中的变数，犀利之中透着一点淡淡的苍凉，也可能正因如此，她才被人称为"师太"——大家都觉得她过于理性，总是喜欢打碎无数爱情幻象。其实，这正是她活得通透和洞明的地方，也因此，她笔下的女主角都以自爱自立为人生根本。

　　《我的前半生》就是这样一个故事，故事的名字虽然叫"我的前半生"，但实际上，女主人公前半生的安逸舒适只有寥寥几笔，通篇讲的都是一个女子失婚之后的绝地反击。与其说这个故事具有励志气质，倒不如说是被逼上梁山的一种挣扎自保。字里行间的道理昭然若揭——人总是要靠自己的。

　　在电视剧里，女一号罗子君结婚十年，过着惬意的阔太生活——不用上班，也不用做家务，除了保养自己，就是各种买买买。

　　然而，平地风云起，突然有一天，老公向她提出离婚，而且斩钉截铁，不容商量。

　　摊牌的那天晚上，她和老公最后一次躺在同一张床上，各怀心思，都一夜未眠。

　　老公急于甩开她奔向自己的新生活，而她满心都是大势已去的绝望。

　　她心里有委屈，也有愤恨，当初是这个男人承诺养她一辈子，她才安安心心地赖着他，选择了做全职太太。这么多年，家庭就是她的主场，当这个主场要求她出局的时候，她就像一尾被困在沙漠中的鱼，感觉到了巨大的恐惧。

　　承诺这种东西，能兑现的时候是金口玉言；不能兑现的时候，就是一张空头支票。我一直不能理解，怎么总有那么多人把一生押在一个诺言上。

　　古人信誓旦旦：山无棱，天地合，乃敢与君绝。

　　现实却是，天地永远都合不了，地球缺了谁都照样转。

　　网上看到一则社会新闻：一个女子在闹市街头反反复复打了男友几十个耳光，路人欲报警，反而被男子劝阻。据说，男子没有一分钱的收入，吃穿住行的费用都是女友提供。

　　这种事不知是该当新闻看，还是该当笑话看。人家离得开你，你离不开人家，这样的爱情，哪有尊严和平等可言？

在生存竞争越来越激烈的现代社会中，或许，最动人的情话不是"我爱你"，而是"我养你"。

在电影《喜剧之王》中，周星驰演的尹天仇问张柏芝演的柳飘飘："能不能不去上班？"柳飘飘说："不上班你养我啊？"尹天仇喊出一句："我养你啊！"柳飘飘转身而去，然后在车上哭得一塌糊涂。这被影迷奉为经典的一幕，当时打动的不止柳飘飘，也深深地印在了观众的心里。有影迷评价说每看一次便哭一次。

如果有一个人对你说"我养你！"不论男女，可能都会感动流泪。

仿佛甩掉了一个千斤重的包袱，一下子得救了。很多人也真的为了这一句赌上自己的所有。

然而，男女之事，一旦动了感情，理性就靠边站了。

面对如此掏心掏肺的承诺，几乎所有人都会心驰神往。所以，别只怪情侣总抛出这个诱饵，既然你受用，为你慷慨许诺海誓山盟也算是一种恋爱之道。

只是，这样的情义只能心领，很难身受。只有保持着自我意识的人才能安全地享用这种感动。而甘心接受被人养的人则把一切都系之于对方的良心上。然而，凡事不是操之在我，毕竟隐藏凶险。

我相信，绝大多数人说"我养你"是真心的。但是，别忘了，伴侣一生的依附常常是另一个人无力承受之重。

这时，最考验的就是我们的智慧了。即使恋人说要养你，你也要分析一下可行性，即使对方不在乎养你的经济成本，但情感成本和审美成本还是他或她所在乎的。

如何让自己在没有挑战的生活中不陷入倦怠，始终保持活力，更是一门深刻的学问。

平淡但无聊的生活很容易磨掉一个人的才华、意志力以及勇于接受挑战的志气，甚至会令人失去人生的尊严。而这些，正是我们安身立足的基本条件。

太多的现实告诉我们，盲目依附往往导致悲剧。

爱他，所以不靠他；爱他，就应该跟他共同撑起一片天，让他活得轻松点；爱他，就应该跟他携手面对风雨摧折；爱他，就应该在工作中不断成长，忙忙碌碌，但充实而美丽。

所谓依不依赖，并不仅仅有关金钱。情侣的拒绝成长、不求上进更令人心力交瘁。

我身边的一对情侣正在闹分手，起因是男生总觉得有点手麻，去医院看，医生说是"腕管综合征"，也就是所谓的"鼠标手"。回家后他不停地向女友抱怨，说自己辛辛苦苦打工挣钱，不但得照顾女友，还得照顾女友的家人，如今累病了，连命都快搭进去了……

女孩自然不服：大房子你住着，车子你自己开着，怎么就成了为我和家人打工？

我听后也觉得男生有点可笑，得了一点职业病怎么就成了不治之症了，难道还要把爱情都搭进去？

男孩冷静下来后，对女孩说了真话："你我恋爱好几年，你就像大学毕业的时候一样，在精神层面上一直是个单纯无知的少女。我是一路'抱着你'走，实在太累了，我实在想歇歇。"女生呆了，半晌，她才恨恨反问："刚恋爱时你就是喜欢我单纯、不世故。你说要好好锻炼臂肌和胸大肌，准备抱我一生一世……"

男生唯有苦笑："可现今的生存压力这么大，让我一个人扛到底，而且是负重前行，你认为公平不公平？"

这一次，我觉得男生说到了点子上。没有谁能够担负起别人的人生，也没有谁可以一辈子考验别人的臂力。

他还没练出一身肌肉，就得了腕管综合征。在旷日持久的压力中，他的心态不免失衡了。

千万别把单纯、不谙世事当成借口，觉得别人就应该把你宠成童话里的豌豆公主。过了 25 岁，谁再说你单纯，绝对是一句负面的评价。

没有人可以活得轻松，除非有人替你负重前行。如果有一天人家想卸下这个包袱，对人家来说是如释重负，从此可以活得更轻松，对你来说，却是灭顶之灾。

这种境地，想一想都觉得冷汗涔涔。

眼前的安定并非永久的太平，居安思危绝不等同于杞人忧天。

自食其力算苦吗？谈客户算苦吗？坐在空调房里加加班算苦吗？被怠慢，被轻视，被曾经爱过的人抛下，那才是真的苦啊！

有一次，我随手在一个网络平台上发了一个小故事，不到半天的时间，转载就超过了 60 万次。

这个故事的大意是：

一只天鹅爱上了一只鸭子，离开了同伴，和鸭子一起生活，可是它很不适应池塘边的淤泥，常常想念美丽的蓝天。它提议让鸭子学飞翔，跟它一起比翼双飞。一开始，鸭子答应了，但是学飞翔很难。鸭子实在坚持不了，于是提议让天鹅抓住它一起飞。

体验过飞翔感觉的鸭子感觉很幸福，从此一发不可收拾，每天都要求天鹅带它飞，如果天鹅不答应它就会发脾气。天鹅虽然身心疲惫，因为爱着鸭子，还是会勉强答应。

有一天，鸭子又要求天鹅带他飞。这一次，天鹅抓住鸭子飞得很高，很高。突然，天鹅低下头深情地吻了吻鸭子，就在鸭子觉得不对劲儿的时候，天鹅松开了鸭子……

这个读起来让人心里很不是滋味的寓言，引发了那么多人的共鸣，就是因为阐述了一个道理——过度依赖别人，不但没出息，而且很危险。好好的一出情爱剧，最后变成了惊悚片。

恋爱中的过度依赖，其实是一种心理上的退行。幸福的爱情能让人退行到幼时的心理状态，把对父母的要求投射到情侣身上，希望他们像父母一样无条件地爱自己，照顾自己。

父母参与了我们的前半生，爱人陪伴我们终老。但是，要知道，"有些事，只能一个人做。有些关，只能一个人过。有些路啊，只能一个人走"。

动画电影大师宫崎骏说过，不要轻易去依赖一个人，它会成为你的习惯。当分别来临，你失去的不是某个人，而是你精神的支柱。无论何时何地都要学会独立行走，它会让你走得更坦然些。

　　人生好比一场升级打怪的过程，即使队友再强大，我们也不能总躲在别人身后等着领取战利品。我们必须得费点力吃点苦，修炼技能，升级装备，提升战斗力。

　　这样，在变故来临的时候才不会兵荒马乱。谁离开了，都不会对我们的生活造成毁灭性的打击。

　　对爱情最正确的态度，应该是彼此只求真挚的感情，而非索求太多其他的附加值。

　　钱我自己赚，我的生活我承担，彼此独立又彼此扶持。

　　安全感都是互相给予的，有了这份底气和能耐，对方更愿意与你同舟共济。因为，你值得！

最亲密的关系，不外乎彼此需要

我小时候好逸恶劳，经常以温习功课的名义逃避劳动，我妈嫌我懒，骂我是"小姐身子丫鬟命"，但骂完之后，她也不免为我担心——长得瘦小，又没力气，将来离开父母可怎么活？

我爸总是眼睛一瞪，护短说："瘦小怎么了？又不是去当搬运工，好好读书就行了。"

我很得意，深以为是。

后来，生活告诉我，万事都不能下绝对化的定论，虽然我们早就脱离了农耕社会，但是，作为体能相对弱势的女性，在生活中还是会遇到一些不方便的。

我独居的时候，有一件很烦恼的事，就是每次买了配饭的辣酱都拧不开盖子。次次都改锥、剪刀齐上阵，费了好大力气才能撬开瓶盖。有一次，我不小心把瓶口弄豁了，每吃一口都担心吞下玻璃渣子，后来索性扔了。

一位好友告诉我，她小时候，有一次爸爸出差了，碰巧乡下的亲戚送来一只活鸡，她和妈妈杀鸡的时候，被这只勇猛的公鸡弄得手忙脚乱。后来，这只鸡飞到冰箱上，志得意满地睥睨着母女俩。最后要不是邻居的叔叔帮忙，她们简直不知如何是好。

时间飞逝，距离她尝试杀鸡的日子已经有20年了，距离我为开瓶盖而烦恼的日子，也过去了近10年。

这些年来，世界日新月异，互联网时代，产品设计越来越人性化，在办公室点点手机，家里的炖锅就可以煲汤。在网上就可以买燃气，不用再扛煤气罐了。打个电话，物业公司就上门服务，马桶堵了也不怕。买米、买面也可以请快递小哥送上门。

在都市生活中，实在想不到有什么粗活可以让男朋友干。而我自己，在一次去日本旅游的时候，发现了大大小小一套开瓶器，惊叹日本人竟然能把这种小工具做得如此精细。于是买了一大箱回来，估计余生都不用再为开瓶盖发愁了。

好友说，她的生活中，最离不开的是搜索引擎，而不是另一半。

宫保鸡丁怎么做，电脑死机了怎么办，拍照的各种姿势，节日出游攻略，只要输入关键字，在网上搜索一番，就会有无数个答案跳出来，比男朋友更贴心。

于是她不禁反问:既然另一半帮不了我们太多,如果还不能抚慰我们的感情,那要他们还有什么用?

这让我想起以前看过的一个电影,大意是说,一对情侣都是超人,是那种货真价实的、有超能力、可以在天上飞来飞去的男超人和女超人。但是,他们却互相隐瞒身份,让对方以为自己是普通人。

女超人做晚饭的时候,假装拧不开番茄酱的盖子,请男友帮忙,还在男友拧开盖子后,装模作样地说:"哦,你的力气真大!"回头就偷偷把坏掉的平底锅手柄折断,扔到垃圾桶里了。

我突然觉得这个女超人好有智慧。

科技解放劳动力的今天,很多事情一个小按钮就帮我们解决了,男女两性在生活上的互相倚赖也变得不再明显。可是,这不代表我们都可以变成超人啊!

两性关系中最动人的部分,永远都是女人的温柔如水和男人的刚强担当。

喜欢照顾"弱小"的女人是男人的本性,遇到挫折把头埋到女人怀里也是男人的本性。能够满足彼此"刚柔并济"本性的情侣,感情必定会比较融洽。

遇到事的时候,让身边人一起帮助解决,也是对他的一种尊重。他把事情搞定了，你甚至可以给他一个仰慕的眼神和一句肉麻的赞美。

当初与我先生刚确定恋爱关系的时候，有一次，我正在逛街，他打电话过来问我在干什么。我说想买一个笔记本电脑，他很不屑地说："你们女生懂什么电子产品，千万别瞎买，回头我陪你去。"

其实，我对电脑的要求不高，主要就是用来写稿子。但真到买电脑的那天，他挑选得很认真，嘴里还一直"抱怨"："你这个人这么挑剔，电脑的颜值肯定要高啊。整天拎来拎去，你的力气又这么小，得买个轻薄的。"

我说："轻薄的都很贵啊，超出我的预算了，差不多就得了。"他很大方地掏出银行卡，甩下一句话："买喜欢的，这里有预算。"既满足了他的虚荣心，又省了一笔银子，我乐得装傻，于是把决定权交给他。

他去刷卡的空档，店员对我说："你男朋友不错哦！"

情侣是好还是坏，很大一部分取决于我们自己。

在恋爱中，宁可低调藏拙，也不要显得无所不能。

我们总是强调不能过度依赖别人，千万别忘了这里还有个"度"，什么事一旦过度，就会物极必反。

彼此需要，彼此照顾才是健康的关系，把自己活成一个无所不能的超人，不需要对方，也不关注对方的需要，各过各的日子，看上去很洒脱，实际上是一种无知。

有一年，我的室友半夜突然犯了急性阑尾炎。于是我赶紧把她送到医院。进手术室之前，我问她要不要替她通知她男朋友，她说不用，一个小手术而已，大半夜的就不要折腾他了。

然而，就是这么个小手术，竟然出了问题——伤口迟迟不愈合，导致她休息了一整个冬天。她的男朋友一周以后才知道这件事，急急忙忙赶过来，要把她接到家里照顾。但她顾忌男友跟父母住在一起，有诸多不便。

男友又提议到他公司附近住一段时间的酒店，这样他下班之后，照顾她也比较方便，她又觉得太费钱，而且会影响男友工作。

于是，她男友就这么跑了几天之后，渐渐来得少了，不知是跑不起，还是忙起来顾不上了。

过了那年冬天，他们分手了。男方的理由是，她这个人太麻烦。她苦笑着说："我知道他的工作在爬坡阶段，所以尽量不给他添麻烦，但他还是嫌我麻烦，男人啊……"

我直言不讳地说："我觉得你们这场恋爱谈得太客气。他想照顾你，你却百般推脱，怎么都谈不拢。在他眼里，这就是一种麻烦。"

对方在你身上总是体会不到自己存在的价值，慢慢地，他就去别人身上"刷存在感"了。

别说他不好，这就是人性。

感情的互相抚慰就是在一点一滴的生活细节中体现的，你的苦，你的累，你的脆弱，永远都不在他面前袒露丝毫，人家如何抚慰你？感情又如何升华？

情侣之间，过度的依赖会让人迷失，适度的依赖才能体会到幸福。最亲密的关系不外乎彼此需要。

百炼钢敌不过绕指柔，记得释放一点柔软，你们才能成为世上最亲近的人。

让你的情感有归宿，却还可以享受单身的自由

　　我结婚时参加的是我先生公司举办的集体婚礼。婚礼结束后，20对新人合影留念，个个喜笑颜开，独乐乐不如众乐乐。在我的记忆里，那天空气中的"含糖量"很高。

　　几年之后，收拾东西时，又看到那张照片，先生说："你知道吗，这些人里面，有一半多都离婚了。"

　　我大惊。

　　据说，我先生供职的公司，员工的离婚率高达80%，因为他们公司有一个不太人道的制度——外派。

　　外派时间最长的人，在国外待了二三十年，一直到退休才回来跟家人团聚。这种工作制度，造成很多人扛不过两地分居的困难，最终分开了。

　　面对这种状况，公司的高层也很头疼，实施了一系列措施，给员工家属一年好几趟免费乘机名额，让他们去探班；妻子生小孩，男员工也可以享受超长的"产假"；员工家里有什么事，

领导都会上门慰问，嘘寒问暖。

甚至还有一个不成文的规定：外派人员一旦被发现出轨，会被立即开除。

可是，铁腕政策和怀柔政策都阻止不了离婚率的一路飙升。毕竟，企业再怎么人性化，也比不上爱人的陪伴啊！

我结婚之前，先生也毫无悬念地遭遇了外派，一去就是三年。

异地恋最考验感情，怎么平稳度过这三年的双城生活，其实我心里也没底。

三个四季轮回走过来，多多少少也发生了一些事情，冷冷暖暖、是是非非也经历了一些。我觉得自己在异地恋这方面，还是有几分心得的。

要想跑完异地恋的马拉松，拼的不是冲刺，而是耐力。

有句话叫距离产生美。然而，在恋人之间，这句话可不一定正确，往往是距离足够远了，美却没有了。隔着山川湖海，两个人越来越变疏离的原因，就是因为无法实时感受对方的变化，也无法准确体察对方的心情。彼此的生活参与不进去，共同的话题越来越少，渐渐就变成了熟悉的陌生人。

先生出发之前，我们详谈了一次，也制定了几个政策。首先，要充分享受科技时代的福利，让恋爱状态持续在线。每天至少要打一个电话互报平安，对方联系自己，尽量及时回复。没有极特殊的原因，失联时间不能超过三个小时。

同时，我们还下载了一个小众社交APP，里面的联系人只有我们两个，打开APP就能看见对方的实时位置。没事的时候，上传一下自己的生活场景，吃了什么好吃的，买了什么好东西，都拍照分享一下，写几句闲言碎语，虽然不能长相厮守，闲来浏览一下对方的日常，也会觉得心安。

后来，我把这些图片和文字，集在一起出版了一本书。现在看来，满满的都是珍贵的回忆。

生日、节日、纪念日，除非迫不得已，都必须要见面。我会在一年之初就调整工作内容，把这些计划制定出来。虽然工作很重要，但感情也同样重要啊！

其次，给对方充分的信任。远隔千里，看是看不住的，不如愿赌服输，千万别没事找事地考验人性，冒充美女帅哥上网撩他，大多数人都经不住考验，这么做除了给自己添堵，没有任何好处。

当然，也不能心太大，可以适当给对方施加点儿心理压力。比如，我就做过突然空降抽查的事，他也给我制造过类似于惊吓的惊喜。

允许对方偶尔的犯规。有一次，我打了一晚上的电话都没人接听，完全违背了"失联不超过三个小时"的规定。终于，等他接起电话的时候，我听到他在里面傻笑。原来，他们公司组织活动，结果他喝多了。

我也有偶尔犯规的记录。一次，去南京做活动的时候，我天天晚上跟小伙伴们一起在秦淮河边看夜景，吃咸水鸭喝啤酒，玩到深更半夜，对他也有点敷衍。

要知道，即使两个人天天在一起，也难以保证不闹矛盾。但闹矛盾可以，却不能屡教不改。当对方积累了太多的不满，恋爱也就谈到头了。

在异地恋中，最重要的是——对分隔两地的困难要有思想准备和心理预期。

一个人逛街，一个人吃饭，一个人看电影，对谁来说都不容易。然而，现实情况就是这样，一时半刻改变不了，能改变的只有自己的心态。

如果每天怨叹"明明在谈恋爱，却过着单身的生活，凭什么偏偏是我摊上异地恋？"那你的心情一定好不了。

快乐不会青睐一个爱抱怨的人，钻牛角尖更是一种自我虐待，干嘛要那样折磨自己？

不如换个角度思考，我的情感已经有了归宿，却还可以享受单身的自由。想一想，有什么事情是单身的时候做最好，不妨趁这个机会赶紧去做。

比如我，就是趁着异地恋这段时间，修完了第二学历。这三年的时间里，我要上课，要交作业，要参加一场一场的考试，要写论文，要做答辩，要去实习，要跟着老师做一场一场的心理咨询，直到自己也可以独立接待来访者。

这件事让我活得很充实，也给我带来了极大的成就感。

有些事，是生命之轻还是生命之重，要看一个人有没有举重若轻的能力。

人啊，遇事都要有冷静的头脑。静下来，想一想，什么是自己生命中最重要的，什么是绝对不能承受的，什么是咬咬牙可以扛过去的。用答案去对比当下的境况，怎么谈好一场异地恋，怎么过好自己的生活，想必会有独属于你的最优方案。

好日子一定是两个人共同努力的结果

我有一个同学名字叫思远。有一天，她很懊恼地打电话跟我说：自己的心智和名字太不相符了。

事情的缘由是这样的：

在一个出其不意的时刻，她的初恋男友突然出现在她面前，开着跑车，穿着名牌，一副意气风发的样子。她怎么也没想到，当年木讷的眼镜男竟然能出息到如此程度，一时不禁痛悔不已。

我说："一辆跑车就值得你如此了？"

她辩解："不仅仅是车，他现在已经开了自己的公司，身家上亿……"

其实，思远现在过得也不错，但是，看到当初被自己不经意放弃的旧日男友如此长进，她的心里还是五味杂陈，有种说不清道不明的感觉。

我问她："你知道'覆水难收'这个成语的来历吗？"作为

中文系的才女，她说：当然。

汉朝的一个大臣朱买臣落魄的时候，妻子改嫁了。他日，朱买臣大器晚成，衣锦还乡，他的发妻想要回头，他却把一盆水泼到地上——20年的夫妻情分如这盆水一样，泼出去了就再难收回。

既然耐不住昔日的贫寒，又何必来贪恋今日的富贵呢？

有些人难以得到幸福的最大原因不是命不好，而是朝三暮四。

许多人不安分的借口，其实只有一个：想过好日子！这样的理由本是无可厚非的！追求更美好的生活，一直是人类的本性。正是因为想过好日子的欲望驱动，人类社会才会不断地发展和进步。

欲望是梦想的根源，梦想不是罪过；尤其是拥有大把的青春和漂亮脸蛋的时候——这叫资本。资本的天性就是增值，资本若不寻求回报，罪莫大焉！

思远打电话的时候，正是吃晚饭的时间，我顺手打开电视，就想瞄两眼，却被一个节目吸引住了。

是一个综艺节目，请了一个著名的男歌星。歌星讲了一段令他感怀不已的感情经历。刚到北京的时候，他交了一个女朋友，是一个舞者。那时候，他还没混出什么名堂，有两年的时间日子过得都很困窘。最后，他俩不得不分手。

他说，现在想一想，如果两人当时能多一些宽容，再坚持一下，也许现在还可以在一起。

出人意料的是，主持人突然话锋一转，扯到了和他搭档的歌迷身上。那是个很年轻、很清秀的男孩，他目前的处境和歌星当年一样，在酒吧里唱歌，薪水微薄，穷困潦倒，前途茫茫。有一个女朋友，在一起三年了。他很爱她，但女孩坚持不住，提出了分手。

主持人说，经过再三努力，女孩同意来现场。女孩叫小菲，同样的年轻清秀。歌星说："你看，她一上场，他整个人的状态立刻不一样了，眼神那么凄婉、期盼……"

她问歌星："你觉得，以他的潜质，有可能在歌坛大红大紫吗？"歌星说："回答这个问题之前，我先问你一个问题，如果我说有，那你会仍然和他在一起吗？"

女孩说："我会祝福他。"

歌星笑："那这种得罪人的事我不会干了。"

中国人向来劝和不劝分，几个主持人费尽口舌，女孩只说，我这次同意来，只是为了让他彻底死心。

无奈，最后主持人说，给女孩最后五秒钟的考虑时间，如果还有回旋的余地，就拉着男孩的手离开舞台。如果没有，就独自离开。歌星又说了一番动之以情的话，女孩似有所动。然后，主持人开始数数。

这时候插播广告，为了等待最后的结果，我忍受了冗长的广告。倒数之后，女孩走向男孩，说："感谢你这么多年对我的照顾，对不起！"

她转身走了，他追上去，叫着她的名字，手握住她的肩。她甩开，他又追上，两个人消失在镜头里。

据女孩说，去年她过生日的时候，男孩攒了两个月的钱，给她买了999朵玫瑰。但是，浪漫终究敌不过现实。

歌星说最后会送给两人一首歌，但是他们已经走下了舞台，听不到了。但他还是唱了，歌的名字叫《穷浪漫》：

"感情不需要用来计算，永远其实并不遥远，我们爱这样的穷浪漫，平凡得只有吃饭洗碗，活在只有你我的世界里，真实的拥抱最温暖……"

茫茫人海中可以找到一个心爱的人，这是多么大的福气。如果你懂得珍惜，你会发现你获得的越来越多；如果你只知道一味索求，会发现失去得越来越快。

　　好日子需要两个人共同的努力，把对物质的欲望全都压在一个人身上，对方既要谋爱，又要谋生，一个人的肩上担负着两个人的未来，那你的生命价值又在哪里呢？

PART 6

把恋爱就当成恋爱，结婚慢慢来

如果连一场恋爱都不敢谈，还奢谈什么人生

　　一个袅袅春日，我跟好朋友一起逛街，她花大价钱买下一件手工刺绣的衣服——那真是一件美丽的华服，穿在身上像披着一个梦。

　　穿上新衣，我们又去酒吧聊天，她告诉我，从初中到高中、大学，再到参加工作，一直到 28 岁，她从没喜欢过任何一个人，没谈过一场恋爱。

　　"为什么？"我惊问。

　　她说："天知道。"

　　" 要是我一辈子都遇不到一个喜欢的人，是不是白活了？"她有点伤感地问我。

　　我说："怎么可能，一辈子长着呢，只是缘分未到。"

　　她沉默了一会儿，说：可是我的青春已经过去大半了。

　　朋友酒量好，喝朗姆酒和龙舌兰，我是永远的薄荷水。她这话听得我有点凉飕飕，就像杯里的水。

如何能在我最美丽的时候遇到你？

青春走了，爱情没来。唉，真让人恨！

我们分开的时候已经是午夜，马路上寂静了很多，先送她回家，我坐在车里看她的背影，穿着那件刚买下的昂贵衣服，五彩的绣线在霓虹灯的光影下泛着美丽的光泽。

如果没有爱过一个最好年华的人，如果没在最好的年华被爱过，一切，真如锦衣夜行一般。

有时候，我看到身边那些美丽又有才情的姑娘，或者俊朗又温暖的男孩子，日复一日地形单影只，觉得真如韫椟藏珠，令人感到深深的惋惜。

虽说爱情这种事并没有时间节点，什么时候，什么年龄开始一段恋情都可以。但是，在肉身最美好、精神最飞扬的时候，尽情地去享受爱情，不才是一场最好的青春吗？

有一天，表弟在微博上写了一句王家卫的电影台词："我从未放弃过任何与人擦肩而过的机会，可不知道为什么衣服都擦破了，也擦不出火花。"

确实，他长得很不错，也喜欢交际，有自己的小圈子，也对爱情心怀向往，可怎么就是遇不到一次怦然心动呢？

我以过来人的姿态认真观察了他好久，终于找到了原因——他将他的爱情摆上了神坛。

在他看来，爱情只能是死生契阔。爱了便要惊天动地，从此一生一世一双人，天上地下必然有一个相契的灵魂在等着他。在与其相遇之前，他的爱情不能浪费在无关的人身上。

在这种极高的期待之下，他虽然口中说着"窈窕淑女，君子好逑"，其实全身上下都散发着一种俗人勿近的气场。

我问他："不知道什么样的人，才能让你在人群中一眼认出，就是你的真命天女，如果一直遇不到，就一直等下去？"

他说："宁缺毋滥，我绝不会和有些人一样，为了钱和性而结婚。"

我忍不住仰天大笑，笑得他瞠目结舌。

爱情中众生平等，请你千万不要自视甚高。

有人说，所有的爱情都只有两种结果，不是殊途，就是同归。不能手拉着手，陌上花开缓缓归，就只能分道扬镳，从此情人变路人。

爱情这条路上，一帆风顺者少。你若爱了，就有可能看错人，用错情，发现对方与你最初的想象大相径庭，甚至被伤害，被背叛，遭遇一地鸡毛，闹得不欢而散。

你会哭，会疼，会夜夜失眠，会肝肠寸断。

可是，那又怎样呢？

试图以极其严苛的选人标准，规避掉所有的风险，谈一次无忧也无痛的恋爱，一步到位走进婚姻殿堂，是一种幼稚的想法。成长如果有此捷径可走，人生的滋味也真是寡淡。

即使初见的时候一见钟情，这份感情也终究要落地，在日常的生活中去考察对方是否真正适合自己。

三毛说过，"爱情如果不落到穿衣、吃饭、睡觉、数钱这些实实在在的生活中去，是不会长久的。"

是呀，如果连一场恋爱都不敢谈，不愿交付自己的真心，不在真实交往中去了解和磨合，什么时候才能等来天降的姻缘？

有人说，恋爱是婚姻的序曲。我觉得，不如说恋爱是婚姻的前戏。

没有人能保证，一旦开始谈恋爱，就一定会奏响《婚礼进行曲》，进入到后面的正式乐章。曲高和寡，如果前戏就令人不满，后戏必定索然无味，谁有兴趣与你继续？

忽然想起胡兰成了给自己的出轨辩护，对张爱玲说过的一句话："我和你，是仙境中的爱。我与小周、秀美是尘境中的爱。"

仙境中的爱，大多没有好下场。

饮食男女，此为人性。日光之下，并无新事。无论粉饰得多么超凡脱俗，爱情就是一场俗事，你我也都是在红尘中翻滚的凡人。任你是什么旷世奇才，也要放平身段，以平常心在爱情中做一个平常人。

青春就是一场想走就走的旅行，一场想谈就谈的恋爱。相爱是最美好的私人体验，给爱情两个字去掉所有的定语，拿掉所有的想象，我们与爱人牵手，终究是为了互相陪伴，过好一朝一夕，吃好一粥一饭。

我们每个人，都优缺点参半，爱情是彼此成全，也是互相成就。只有在一起，哭过笑过，苦过甜过，才能真正地学会爱与被爱。

所有的恋爱，都是为了让你更懂自己

我在网上某论坛看到这样一个问题："为什么有些人跟男/女朋友交往很多年都不结婚，在分手后却很快就跟新的交往对象步入了婚姻？"

其中，有一个女孩子的回答引得很多人点赞。她说自己与前任谈了七年的恋爱，分手后遇到现任，才知道自己之前有多笨，前任有多大问题。她觉得自己花了七年的时间都没有看清一个人，和现任在一起，才知道与更有责任心的男人在一起，爱情可以这么有安全感，相处起来可以这么舒服。

姑娘感慨："有些人就是这样，你一味压低自己的底线，忍了多少年，直到最后一刻他也没有任何改变。但有些人，不用改变，就已是你能期待的最好的模样。"

刚刚涉入爱河的时候，每个人都渴望能够一生一世一双人。可是在这个世界上，能够一次恋爱成功的人实在太少了，大多数人可能都会经历一次甚至多次失恋。

如果没有品尝过失去的滋味，有些人可能一生都学不会如何去爱，可能一生都无法拥有一个成熟的感情观。

在一段段从认识到相爱，再到分开的磨砺中，我们逐渐成熟，逐渐明白，不要在失恋后追问自己哪里做得不够好，也不要没完没了地反刍痛苦。

纠缠不是出路，放下才是救赎。通常来说，失过恋的人对待爱情，反而会更加豁达。

失恋表面上看是一种失去，实质却是另一段感情的提前垫付。只要不彻底懈怠，你在这桩爱情上失去的东西，必然会在下一桩爱情中得到补偿。一个经历过失恋和一个从未失过恋的人相比，虽然无法判断二者谁更幸福，但有一点可以肯定，前者的情感抗风险能力一定更强。

失恋也是一面"照心镜"，从这面镜子中，我们可以看到爱情并不像之前想象得那么完美，这样才能以更成熟的心态去面对接下来的爱情。一桩爱情的失败，大多数时候并不能说明当事双方人品的好坏，而只能说明：作为爱情的"实习生"，我们对自己的情感需求，以及对方的内心世界可能还欠缺了解。不要怨恨那个让你失恋的人，只要你们真心爱过，无论多久，你都应该感谢TA给了你一次体验爱情的机会。

　　著名心理治疗师素黑曾经说过："那些旧情人，都不是为害你而存在过的。他们的出现，其实也为给你清楚照镜的机会，看清自己多一点，是认识自我的过程。能在关系上毫无保留地跌一跤，教训必定难能可贵。这是旧情人的存在意义。"

　　很多人在失恋后都说过一句话"我再不会这么爱一个人了。"可是，生活还会继续，当一切平复之后，新的爱情总会悄然而至。你以为不可失去的人，原来并非不可失去。你以为曾经沧海难为水，下一段感情却可能同样炽热。

　　做更好的自己，是需要时间的。

　　时间是最好的良药，终有一天，你不再怀念前任，沉溺于往事；终有一天，你会释怀一切，轻装上阵地大步往前走，你会遇见对的人，看到更美的风景，迎来更好的生活。

别让爱情输给面子

跟几个朋友天马行空地侃大山，不知怎么就聊到了穿越这个话题。有人问，如果能够自主选择穿越回过去的某个时刻，最想回到哪一刻呢？

在座的好几位，不约而同地做了同一个选择，他们想回到最初暗恋的那个人身边，补一次表白。

年轻的时候喜欢一个人却不敢表明心意，是害怕被拒绝后自己伤心，更怕丢脸。

后来才明白，比起永远都无法弥补的遗憾，伤心和丢脸实在算不了什么。

如果当年足够勇敢，至少还有一半胜算，就因为缺了那么一点勇气，就变成了百分百的全输。

有一次，陪一个朋友参加了一场婚礼。新郎是朋友的同事兼好友，朋友极其八卦地、津津乐道地给我讲了这对新人的故事。

新郎和新娘是同事。新郎本来正在追求另一个姑娘，连婚房都买下了，就在公司附近。可那个姑娘的态度一直不明朗，似乎有把他当备胎的嫌疑，他一个人快快地整天独来独往，过着从公司到家两点一线的生活。

这时，一位女同事，也就是他现在的新娘，找到他，说自己家离公司太远了，每天通勤奔波得很累，想要租他的一个房间。他本来是不愿意的，但碍于同事之谊只能勉强同意。但是不收房租，只是让她借宿，他本来以为免费的房子她肯定不好意思久住，很快就会自动走人。没想到那姑娘一听，当即提出：为表感谢，以后就由她负责他的晚餐。

这一住就是一年半。个中细节不详，一年半之后就有了这场婚礼。

虽然细节外人无从知晓，但是故事的梗概明眼人一看便知，姑娘喜欢自己的男同事，在对方心有所属的情况下迎难而上，主动出击，以租房为借口接近男主，大胆追求，结果皆大欢喜。

说到追求，一般都是男追女，在恋爱中，什么时候表白，什么时候牵手，什么时候接吻，通常都是由男生来掌控的。女生如果过于主动，常常担心会被误会为不矜持。

如果一个姑娘放下身段去追求一个男生，在这段感情中就会永远处于劣势。所以，姑娘们对"谁先主动"尤为介意。

可是，生活中任何其他的所期所求，我们都可以积极主动地争取，爱情这么重要的事，为什么就非得被动等待呢？

我的好朋友小萨对我说，结束了一场最痛彻心扉的恋爱之后，她得到一个惨痛的教训，就是在感情中一定要有主动的态度，无论双方有什么误解，都要勇敢地袒露心迹，把自己的真实想法告诉对方。这样即使仍旧无法挽回，也不会留下遗憾。

有多少恋爱，都是在互相揣测中错失了彼此。

其实在恋爱这件事上，男女都爱面子。许多人都觉得面子比天大，碍于面子，不敢诚实面对自己的内心，也不肯向爱慕的对象表露自己的心迹。

武断一点儿说，面子这个东西，是我们主动追求爱情、追求幸福之路上的最大阻碍。

人当然要有自尊心，问题在于，我们是如何定义自尊的？总是有很多人把面子和自尊心混为一谈，以为伤了面子就是伤了自尊。

实际上，面子这种东西比较虚无，是强加于自己的一种评判标准，与自尊是两码事。

面子是你认为自己在他人眼中是的样子，自尊是知道真实的自己是什么样子，而且尊重这个真实的自己。自尊包括尊重自己的需求，尊重自己的好恶，尊重自己的内心感受。

勇敢追求自己想要的幸福，努力与自己喜欢的人在一起，达成自己的内心所求，不是一件最有自尊的事吗？

别人怎么看你不重要，重要的是你怎么看自己。

唯有拥有了这样的一份自尊，才能真正地做到得之我幸，失之我命。

重新定义了自尊，就重新定义了人生中很多事情的含义。

有些事情不用活到七老八十，30岁之后就会有感触：回首往事，令人耿耿于怀的，往往不是丢脸、被拒，而是犹豫、逃避。比失败更让人心塞的，是痛悔。

也许在追爱的过程中，我们并没有得偿所愿，但是我们也会获得一个很宝贵的东西——勇敢追爱的能力和勇气。我们不但在做自己生命中的主角，还可以做人生这场大戏的总导演。纵然未达到理想的彼岸，也虽败犹荣。

愿你永远去爱，像不曾受过伤害

一个秋天的下午，我去了一次位于北京城南的陶然亭公园，专门去拜访一对情侣——高君宇和石评梅——他们的故事被称为"民国版梁祝"。

这段凄美的爱情故事发生在很久以前。1920年，在北京山西会馆的一次同乡会上，年轻的石评梅遇到了高君宇。他乡遇故知，虽说不是一见钟情，却也显得格外亲切。从此，两人经常鸿雁传书，有空还会相约来到陶然亭湖畔散步。有一天，高君宇突然对石评梅说，如果将来有一天他先走了，希望能葬在陶然亭湖畔。

1923年秋天，满城的枫叶都红了，片片染着相思。高君宇托人给石评梅送来一封信。石评梅打开，里面并没有信笺，只有一片火红的枫叶，上面用毛笔写着两行字："满山秋色关不住，一片红叶寄相思。"

面对高君宇的告白，石评梅思考良久，最终在红叶上回复了这样一行字："枯萎的花篮不能承受这鲜红的叶儿。"

之所以拒绝了高君宇，是因为石评梅的心里有一段隐痛。她曾经谈过一次恋爱，是她的初恋，对方叫吴天放。一次偶然的机会，石评梅发现自己深爱的恋人竟是有妇之夫，三年来，他一直在隐瞒和欺骗她。清高孤傲的石评梅由此对爱情充满了怀疑，完全失掉了爱的勇气，并下定决心终身不嫁。

她发誓说："我绝不再恋爱，绝不结婚！今生今世抱独身主义！我可以和任何青年来往，但决不再爱。如果谁想爱我，只能在我的独身主义的利剑面前，陷在永远痛苦的深渊里！"

她说到了，也做到了。

而高君宇也有一段包办婚姻，认识了石评梅后，他坚定地要摆脱封建婚姻的束缚。在高君宇的坚持下，他那场名存实亡的婚姻终于画上了句号。同时，因被北洋军阀通缉，他必须离开北京。

那晚，狂风暴雨之中，高君宇遭人追击。虎口脱险后，他匆忙去找石评梅。一方面与她告别，一方面也告诉了她自己已经离婚的消息。但是，这个消息并没有改变石评梅的初衷。

没想到，此一别竟阴阳两隔。两人分别后的第二年，高君宇因为中了一颗流弹，年仅29岁就辞世了。按照生前的心愿，他被葬在了陶然亭湖畔。

分别来得如此猝不及防，给石评梅带来的打击比第一次失恋更为巨大和惨痛，她后悔因为自己的偏执和怯懦，没有答应高君宇的求爱。

所以，自高君宇葬后，她经常到高君宇的坟上手抚墓碑，痛哭不止。在高君宇的墓碑上，石评梅写下了杜鹃啼血般的悼文：

君宇，我无力挽住你迅忽彗星之生命，我只有把剩下的泪流到你坟头，直到我不能来看你的时候。

三年以后，本来身体就很柔弱的石评梅，在悲痛心绪的折磨下也随高君宇而去，年仅 26 岁。她留下的遗愿是：生前未能相依共生，愿死后得并葬荒丘。

朋友们把她葬在高君宇墓边，完成了她的夙愿。

曾经，读到这段故事时，我感觉十分浪漫，生不同衾死同椁，十分符合一个少女对爱情的想象。后来才明白，悲剧就是把美好的事物撕碎给人看。一个人把自己活成了一个悲剧，岂不是辜负了这仅有一次的生命吗？

虽然掬一把同情泪，但是内心里，我并不认可石评梅的做法。

关于失恋，最著名的一句话恐怕就是张爱玲的那句——
"我只是萎谢了。"

萎谢了，从某种意义上说，恐怕比死还可悲。就因为失了一次恋，生命就再无光华，什么要这样严酷地惩罚自己？

爱情从来就不是一条平坦的路，说起人间情事，鲜有一帆风顺的。失恋了，谁能全身而退，谁没有断骨之痛？谁不被撕扯下一些皮肉，甚至痛到无法呼吸？

人与人之间的差距，不在于谁受过伤、谁没受过伤，而是在于面对伤痛的态度。

旧日的恋，从我们身上拿走过爱情，拿走过真心。这都不算什么，如果拿走了我们对爱的信仰，那才是最大的损失。

你甚至可以怀疑自己曾经的选择，怀疑自己是不是鬼迷心窍，但是永远不要质疑爱情本身。

你相信，它永远都在；你不信，有限的生命里，很可能就与它失之交臂了。

害怕受伤，不敢再爱，就算能规避风险，也会同时输掉未来的幸福。

比起不爱，还有一种更可怕的选择，有的人觉得自己永远也不会再遇到真爱，索性随随便便找一个人打发时光。这种不负责任的做法，更是误人误己。

治疗情殇只有两样东西最有效：时间和新欢。别怀疑，这是个真理。

擦干眼泪，打起精神来，去迎接下一段感情。有一天，你会感谢自己的坚强和勇敢。

你勇敢，过去失败的感情就是座桥，把你渡给更合适的人；你懦弱，失败的感情就是把火，把你的世界烧得满目疮痍，寸草不生。

如果一个人在爱情面前，过于谨慎，过于退缩，那么他或她注定离幸福很远。

去爱吧，像不曾受过伤害一样！

PART 7

生活总让我们猝不及防，也不妨碍我们活得漂亮

只有自己心中有光，才能度过人生的至暗时刻

在这个资讯满天飞的年代，隔三岔五就会有明星的花边绯闻出现在大众视野，让吃瓜群众们消化不良。于是一些人在别人的故事里，一会儿大呼"再也不相信爱情了"，一会儿感慨"又相信爱情了"。不久前，一个男星被爆出轨，对象居然是他太太的闺密，在妻子眼皮底下闹绯闻，一时又引起轩然大波。

按说，这样的绯闻在娱乐圈里实在算不上什么新鲜事。之所以引发这么多关注，是因为他的太太同样是一个万众瞩目的偶像明星。而他们的爱情，被称为"香港的最后一个童话"，被众人寄予了太多的期待。

他们的情路漫长而坎坷，20多年来分分合合，反转再反转，在大家都觉得他们年纪大了，倦鸟思归了，终于可以消停下来好好相守的时候，他们却又以一种不体面的方式把私人生活再次晾晒在大众眼前。

"等闲变却故人心，却道故心人易变"，一段感情，不管看

起来多么情比金坚，不到最后一刻，谁都不敢说不会出意外。可惜，这个世上没有一个险种是可以保障爱情的——让我们投保后就能高枕无忧，一生泰然。

于是，如何跟相爱的人厮守终生，不厌不烦，成了一个最大的难题。

铁一样的事实是，当下再好的爱情，未来都不可预测。科学家深入分析人类荷尔蒙，得出一个令人失望的结论：所谓"爱情"，保鲜期不超过36个月。

不少人都亲自验证了这一说法。但是，也有人不信这个邪，自备保鲜膜，拼命想把爱情的保鲜期拉得长一些。

爱情是两个人的事，所有关系到他人的事，即使你足够努力，结果也是不可控的。

随便在网上搜索一下，输入"爱情保鲜"四个字，瞬间就会跳出无数网页，争先恐后地告诉你"十大技巧""五大窍门"。

比如，保持神秘感，不要让男友看见你蓬头垢面的样子。

比如，定期给伴侣送花，营造浪漫的感觉。

比如，每天三个拥抱，等等。

在美剧《了不起的麦瑟尔夫人》中，麦瑟尔夫人在这方面可真算是超级自律，她竟然可以数年如一日地做到每天晚上在老公睡着后卸妆，早上在老公醒来前化好妆，再装睡。但是，事实证明，一切都是白费劲儿。

当你触不到事物本质的内核，所有流于表面的形式，都是隔靴搔痒。

能给爱情保鲜的那些人，实际上是保鲜了自己。

夏日的一次茶聚中，我又见到了一位老同事。在记忆中，她始终都是一个颜控。穿的、戴的、用的，无不精致而讲究，肌肤莹白透亮，身材窈窕，虽然不是让人惊艳的第一眼美女，全身上下却散发着迷人的风情。坐在她身边，似乎周围的一切都被她染上了闪烁的微光。

当年，传统纸媒日落西山，一群人中，她是最快转战新领域，找到事业新起点的那个。如今，在社群中，她带领着几十万粉丝利用碎片化时间健身，打造了颇有影响力的个人品牌。

她与她先生是大学同学，按理说彼此都非常了解了，但是她先生说过一句话挺耐人寻味："她做社群的这两年，刷新了我对她之前十年的认知。"

在童话故事中，王子与公主结了婚，从此过着幸福的生活。但在现实生活中，爱情与成长，始终是并行的两条线。

　　找到一个可以落脚的人，不代表人生就此可以止步不前。时光悠远，岁月漫长，没有人能对一个除了变老再无其他改变的人永远保持好奇和热情。

　　每个人的生活都像是一本需要实时更新的书。而所有耐看的书，都需要情节有转折，故事有高潮，如果内容从头到尾一成不变，像白开水一样寡淡，谁有追看的兴趣？甚至，取消订阅也不足为奇。

　　一个姑娘对我抱怨，恋爱不过两年，她几乎成了男友眼里的一件家具，日复一日地放在那里，从来不想多看一眼——她割了双眼皮，打了瘦脸针，男友居然没看出她的变化！

　　对恋人的变化开始钝感，确实是过了热恋期的表现。但是，感情不可能永远维持最初的热度。

　　一个能让人上瘾的人，无非有两种本事，要么灵魂实在有趣，令人朝夕相处也感觉不出枯燥；要么不停地更新迭代，就像身体内部的细胞更新一样——不知不觉地，每隔一段时间，你就变成了一个全新的自己，让人不得不换一种眼光来打量。

　　当然，这两点都不容易做到，所以，在爱情保鲜的路上，我们还是需要"上下而求索"。但是，有一点可以达成共识，想要获得高质量的感情，我们要求的始终都应该是自己，而不是对方。

　　我有一个闺密，有段时间得了强迫症，一旦男朋友超过半小时不回复微信，她的电话就会打过去。对方万一不接，她就一个接一个地打。她最长的一次记录是坐在卧室的地板上，打了整整一夜。

　　"对不起，您拨打的电话暂时无法接通"，这个冷漠的声音简直成了令人绝望的咒语。她抱着手机痛哭，直到有人敲门——男友就站在门外。

　　男友有紧急事务需要处理，临时去了外地。连夜赶回的路上，他的手机不小心掉到地上摔坏了。深夜的高速公路上也借不到手机，他一路飞驰，就是想快点回来给她报个平安。

　　这件事之后，她马上送给男友两部手机。其实，问题的本质并不在于对方有几部手机，而是她对男友失联背后那种深深的恐惧——这反映出她对这段感情极度缺乏安全感。

　　如果我们把对生活全部的期待都放在恋人身上，自身缺乏内心的支撑，自然就会缺乏应变的能力。

　　换句话说，你输不起，因此只能幻想修建一座固若金汤的城池，把自己和对方都牢牢地禁锢在里面，一万年不变。

　　殊不知，对爱情，最好的控制，就是不控制。

在任何关系里，都要时刻切记，自己才是那个最重要的核心。

把那些监督对方、塑造对方、要求对方的心力都用在自己身上，踏踏实实地为自己负责，才是在感情中最好的心态，这才是真正获得安全感的路径。

说回刚才提到的那对明星夫妻。多年前，女星举行演唱会，唱到一半，突然停电了。站在漆黑的舞台上，女星吓得大喊"××救我"——那一刻，男星是她第一个想到的人。

男星飞身上台，与她站在一起。

但现在，还有谁能救她呢？更多的时候，生命中的那些险阻、那些莫测、那些风险，只能靠我们自己评估和面对。

只有自己眼里有光，心里有亮，才能度过人生的至暗时刻。

分分合合多次之后，女星自己也曾说过："我并非要成就什么惊天动地的爱情，我只想踏实地经营一段平凡人的情感。我坦承跟××重新开始。结果如何？我不能预计。"

我们总是对离别感到焦虑，对失去感到恐慌。没人会喜欢失控的感觉，但是生活中的变数太多。每个人身上，都有很多连自己都不了解也掌控不了的不确定性，何况别人呢？

在电影《大话西游》中，紫霞仙子说，"我猜中了开头，可是我猜不着这结局"。

是啊，没人能未卜先知。

整天对生活中未知的部分感到战战兢兢，患得患失，甚至杞人忧天，不如把对幸福生活的期待放在自己身上。毕竟，只有你自己，才能做到对自己永远不离不弃。

你把爱情看作锦上添花，人生可能会繁花似锦；你把爱情看作雪中送炭，怕的是它能温暖你一时，难以温暖你一世。

真正的成长，是不管是否拥有爱情，你都拥有自己，你自己才是全部生活的重心。

爱情喜欢追随的，是自强自立，活得精彩的人。

有时候，我们必须得做自己的英雄

　　我曾经想过，如果我有一个女儿，我不会给她讲《海的女儿》这种童话。

　　我不想让一个小孩子从小就觉得一个人爱另一个人可以爱到没有底线。就像小人鱼，她放弃了做人鱼，放弃了亲人，放弃了美丽的歌喉，最后放弃了自己的生命。所有的付出都没能换来爱情。结局到来的时候，小人鱼只好转身离开。可惜，不是所有的转身都是华丽丽的，痴心的她化成了海上的泡沫……

　　一开始爱的时候，谁都希望自己的爱情能天长地久。

　　而人生总是充满变数，那些你离不开的人，有可能会离开你。一旦遭遇情变，是跟这个人苦苦死磕，还是黯然分手，接下来的路该怎么走？

　　随着年龄的增长，在处理感情的问题上，我越来越喜欢一个词："爽利"。

　　感情上的太多痛苦都来自不爽利，理性上明白到了该决断的时候，感性上还向着旧日时光屡屡张望。在新旧更替的纠结中，受苦的只能是自己。

著名画家徐悲鸿的第一任妻子蒋碧薇，在处理感情方面就堪称爽利。

18 岁的富家之女蒋碧薇在自家的客厅与徐悲鸿一见钟情，很快就与之私奔海外，一起生活了近20年，儿女绕膝，婚姻生活备受羡慕。但忽然有一天，她发现丈夫手指上多了一枚红豆戒指。

原来，那枚红豆是徐悲鸿的学生孙多慈所赠，他用金子把红豆镶成戒指，并刻上"慈悲"二字。蒋碧薇冷眼旁观，觉得可笑——这是徐悲鸿的习惯。

当初，蒋碧薇名为"棠珍"，是他给她改成了"碧薇"，并刻在一枚水晶戒上。别人问是什么意思，他说是他未来太太的名字。

而今，他又将原名孙韵君的女学生改名孙多慈，并戴上刻有"慈悲"的红豆戒。

爱情大同小异，只是换了道具。

徐氏夫妇的新公馆落成后，孙多慈送来百棵枫苗装点庭院。

蒋碧薇暗暗隐忍，并没有发作。半年之后，徐悲鸿外出回来，发现院子里的枫树不见了，换成了桃树、柳树。

蒋碧薇说枫树与院子的风格不协调，徐悲鸿不好说什么，但痛心不已，遂将公馆命名为"无枫堂"，称画室为"无枫堂画室"，并刻下"无枫堂"印章一枚作纪念。

蒋碧薇以换树作为警告，但徐悲鸿并没有收手。有一天，她在他的画室里看见一幅油画。很多年后，她在自己的回忆录里写道："画面是徐先生悠然席地而坐，孙伺立一旁，项间有一条纱巾，正在随风飘扬，天际，一轮明月……"

画中人如此灵动美丽，可见作画人笔端的款款深情。蒋碧薇明白，她与他的爱已经不在了。

这一回，她同样没发作。

直到孙多慈毕业前夕，徐悲鸿发动多年人脉替孙多慈争取官费留学名额。这次，蒋碧微终于伸出了自己的"小利爪"——她写信给负责留学事宜的中方代表褚民谊，导致孙多慈留学一事泡汤。

徐悲鸿大为火光，他写信给友人："为内子暗中破坏，愤恨无极"，愤恨之情，溢满字里行间。

随后，徐悲鸿登报声明和蒋碧薇脱离"同居关系"，并随即去孙家求婚，却被孙父断然拒绝。

碰壁后的徐悲鸿到海外生活了几年，回来后想要与蒋碧薇破镜重圆，没想到蒋碧薇已经把他的声明装在镜框里挂在客厅中央。

蒋碧薇提出了离婚，条件是要100幅画和100万元。她要为将来打算，保证自己的余生不受冻馁之苦。

离婚之后，蒋碧薇终于与暗恋她多年的名士张道藩生活在了一起。

蒋碧薇与张道藩苦恋半生，虽铸就一段传奇，却终究没有求得世俗的名分。老年的张道藩倦鸟思林，希望重归家庭，两人的情路即将走到尽头。

蒋碧薇对此无怨无悔。她写信给张道藩说："现在好了，亲爱的，往事如过眼云烟，我们的情缘也将结束，让我们坚强一点，面对现实，接受命运的安排……希望你不必悲哀，无须神伤，你和我都应该感戴上苍，谢谢它对我们的宽大与仁慈，甜美的回忆仅够陪伴我们度过风烛残年。"

在蒋碧薇身上，洒脱爽利的特质极其明显。爱的时候如火如荼，散的时候无怨无悔。该伸手的时候毫不犹豫，该放手的时候痛痛快快。不会爱谁爱到迷失了自己，也不会与谁没完没了地缠斗，搭上自己的大好年华。

作家南在南方写到蒋徐这段情事时，用一句话评价蒋碧薇："可以无限接近，亦可全身而退。"

蒋碧薇曾在给友人的信中写道："我平生最喜欢放鞭炮，因为它一经点燃，便勇往直前，绝无退却，觉得有一种大无畏的精神，你说对不对？"

她一向是有决断的女子。因此，有人赞她如"高山巨瀑，活得壮美"。

在生活中，有很多人纠结于一段互相折磨又无法改善的恶劣关系，愈是痛苦愈不舍得放手。只顾埋怨对方，却没有看到自己给对方带来的困扰和痛苦，不明白自己其实也是加害者。

一段美好的爱情逐渐走到互相折磨又不肯放手的地步，何苦来哉？人人都不愿轻易放弃已经抓在手中的东西，去追求一个遥远的未知。但如果你们缘分已尽，还是及早放手为好，否则只会伤人伤己，既没有美满结局，又耽误了大好年华。

人最大的心结，是只看到别人的错，认同自己是受害者，却看不透受害者往往是自找的——借别人的存在证明自己，终日胡思乱想，自怜自艾。

能不能自爱多一点呢？自爱的人不容许自己活在自怜和受伤的阴影里，因为那是懦弱的表现。当我们根本舍不得离开的时候，总觉得痛。要靠痛苦确认自己的存在——这是负面的信仰，却救赎不了我们的灵魂。

执着还是放手，你是可以选择的。

当你紧握双手，里面什么也没有，当你打开双手，世界就在你手中。很多时候，我们紧紧握住双手，以为把该要的东西抓住了，其实，那手心里握住的不过是更深的伤害。倒不如放开手去，让那些伤害随风飘散。

智慧的人，敢付出，会防范，同时能华丽转身。

罗曼·罗兰说：生活中只有一种英雄主义，那就是认清生活的真相之后依然热爱生活。

别让本应退场的人和事，影响你现在的人生

恋爱是一种比较隐私的生命体验，一场恋爱无论成功与否，都应该是一个人的私藏。即使不尊重自己，也应该尊重恋人，忌讳到处张扬。

有首歌唱得好："我是你不愿表露的往事，为你终身守口如瓶"。

偏偏有那么一种人长着一张大嘴巴，就喜欢到处乱说。关于这个，我能想到的极品人物，就是胡兰成。

这个家伙光用嘴说还嫌不过瘾，还要著书立传，连篇累牍地说自己的恋爱事迹。张爱玲，他是不可能不说的，除了说张爱玲，他还说娇俏小护士，逃难路上的女伴，同居的日本少妇……

惊世才女张爱玲，在他眼里也不过是爱玲、小周、秀美、一枝、爱珍、玉凤……中的一个而已，连笔墨和篇章都均衡得不偏不倚。

他倒并不说这些人的不好，张爱玲自然是很好的，小周也是好的，秀美也是好的，各有各的好，各花都入他的眼。他都说什么？说恋爱经过，说闺房之趣，说私房情话，把与他相好的那些女子的隐私白纸黑字地展示给天下人看。

谁要不慎找了这么一个男人，真如在自己卧室安了一个摄像头。

他以为自己是楚留香，是段王爷，处处留情，对谁都有真心。爱玲惊他的魂，小周动他的魄，秀美亦入他的心。其实，太过花心的人哪有心？

最最极品的是，他不但对别人说，写书说，还对他的众女人们说，对A说B，对B说C，对C说D……见不着面就写信说，还笃定她们不会吃醋，因为她们都"天真糊涂"。

殊不知，在他沾沾自喜的自得其乐中，张爱玲的心已经碎了一地。

谁都看得出来，这段感情，在这两个人心里的分量相差很多。就像胡兰成自己觍着脸说的："男子易对人说自己的女友，多有是为了撑能，或者竟是轻薄，女子则把心里的事情看得很贵重，轻易不出口。姐妹淘中若有知心的还不妨向她披露，这亦说时声音里都是感情，好比一盆幽兰，不宜多晒太阳，只可暂时照得一照。"

炫耀自己万花丛中过的男人很多，如果仅是炫耀和轻薄还好点，若遭遇心思龌龊的长舌男，那可真不是一般的恐怖。

我认识一个女孩子，找了个富二代男友。富二代家里开了个电器城，刚刚恋爱的时候，他们常常在电器城的一个值班室里约会。

两个人在一起好几年，最后还是分手了。男孩是不愿意分手的，但也不愿意结婚。女孩受不了他的坏脾气，他的花心本性，他没完没了、明目张胆的出轨行径，下了很大的决心才离开他。

有一次，男孩出门办事，她打包了自己的东西，偷偷离开了。三天后，她接到男孩的电话。

"你知道吗？为了监控你，那间屋子里有摄像头。"

"什么意思？"

"我们在一起住的情景都被录了下来。现在，我没事的时候就看看，回味一下我们的美好时光。"

"是吗？我表现得怎么样啊？"

"一般。"

"不能，我肯定是团结紧张严肃活泼大方啊。"她虽然貌似镇静，但声音已经有点儿抖了。

"哼，你甩手走了就算了？我要把光盘寄到你爸妈厂里去。"

她成长在一个工厂大院里，从小上的是厂里的子弟幼儿园，子弟小学，父母的同事，她的很多老师、同学、朋友至今还生活在那里。虽然她不是名人，没什么粉丝，但总有个亲友团吧？

好在，事情终究没闹得那么不堪。

虽然恋爱自由，分手也自由，但有那么一张光盘握在别人手里，想起来，终归不是一件特别舒服的事。她跟他在一起好几年，宛如在自己生活中埋了一颗地雷。如果哪天真的炸了，即使炸不死，总能炸一个跟头，难免要费点气力去善后。

心理学中有一个很有名的墨菲定律。

美国军队中一名叫墨菲的上尉嘲笑他的同事时说："如果一件事情有可能被弄糟，让他去做就一定会弄糟。"

这条定律如果放在男女交往中，至少可以得出两个结论：一是一时的放纵有可能带来恶果，不管这种可能性多么小，恶果总会来到，并引起无法估量的损失；二是如果你觉得一段感情可能会让你后悔，那么，它绝对会让你后悔。

听起来似乎有点危言耸听，但是就像老话说的——害人之心不可有，防人之心不可无——多几分防范总没坏处。尤其是这种涉及隐私的事，只有当局者清。一旦有什么风吹草动，说不清道不明，说多说少都是错！

分手，也要分得干净。

无论什么时候，我们的生活都要力争清爽，规避掉那些即使不能伤害你，也会恶心到你的事情，是一个成年人对自己的责任。

不管是爱过混蛋还是当过混蛋，都已然往事如烟。人总是要长大的，长大后，被伤过的，学会放下；伤过人的，学会闭嘴。千万别把这缕轻烟变成一把利刃，把一场平常的分手事件演变成一个事故，让本应退场的人和事又阴魂不散地跳出来，影响你现在的生活。

别回头，后面什么都没有

都说"好马不吃回头草"。吃不吃回头草，其实与马的好坏无关，倒是和马的情感历程有关。感情一旦脆弱起来，再好的马儿，也有可能会吃回头草。

有位女友，每次路过前男友住的小区，都会下意识地抬头看看他的灯是否亮着。她说，潜意识里，她是很想偶然见上他一面的。有时候，辗转地打听到前任的消息，比如对方新的恋爱又不尽如人意……一时真会百感交集。

但大多数时候，也就是感慨一下而已。

有些草想起来已经无感，有些草却让人越想越觉出甜来。吃回头草的大有人在，但却不是所有回头草吃了就能得到幸福。

打算吃回头草前，一定要回想清楚当时分手的理由，因为很有可能会重蹈覆辙。另外还要冷静地分析，是赌一口气，还是他对你来说真的很重要，重要到曾经沧海难为水，否则还是作罢为好。

　　一个人非要考虑吃不吃回头草的时候，一定是在感情生活不算太如意的时候。要么是寻寻觅觅，却没有发现更为鲜美的芳草；要么是情路坎坷，绕了一圈后情到尽头再次回到单身。

　　而此时，如果恰巧蓦然回首，昔日那人依旧在灯火阑珊处，不啻困惑迷茫的情感之旅出现了一点转机，这多少有点令人忧喜交加、不尴不尬的回头草，吃不吃？

　　其实回头又能如何？倒不如回忆的好。

　　该爱的时候爱了，不管曾经多么轰轰烈烈，爱得多么荡气回肠，今日的你已不复是昨日的你，我也不再是从前的我，流年偷换的不仅仅是容颜，你我已被岁月改变得太多。

　　如果不能白头到老，一直爱下去，不如像两条平行线，永不交叉。

　　很多时候，我猜不透那些复合的情感关系，他们到底是因为眷恋？是因为惯性？还是因为懒得寻找或找不到新的目标？

　　反正，还是有人勇敢地回头踏上了那条老路。

　　我一直不鼓励在爱情里走回头路。本来，分手就是一种很痛的领悟，你老拿这种痛在一个人身上领悟，是不是蠢了点儿？

　　两个人从认识到分手是一段了解的过程，那么，既然分手了，肯定说明这段感情是难以为继的。你可以把一段往昔的爱情谱成歌轻轻吟唱，但你最好不要把一段存在误差的感情变成婚姻生活。

最难忘往日情，过去的浪漫和温馨总会不时带给你甜蜜的回忆。但你只要记住曾经有过的经历就足够了，无休止地沉浸其中，只会使你进一步丧失判断事物的能力。

一味拿着放大镜看从前的好，现在的坏，你的生活可能从此变得一团糟。就像人在日光下和月光下的想法不一样，人在坚强时和脆弱时的心理活动也有着天壤之别。走过情感脆弱期，你的思维重新变得清晰，也许会为当时想要复合的想法感到羞赧。

即使旧情哪天真能复燃了，可谁敢保证和好后的感情就一定如初？当两个人都揣着对方的"案底"，那破镜重圆的怀抱也必定会乍暖还寒。

人生最大的遗憾，莫过于轻易地放弃了不该放弃的，固执地坚持了不该坚持的——这话是大哲学家柏拉图说的。

有时候，伸手需要勇气，缩手需要智慧。有些人总是搞反，在该伸手的时候缩了回去，在该缩手的时候伸长了手臂。

散了就是散了，他或她过得好与不好，都与你无关，你最好袖手旁观。

把所有折磨你的，都化为成就自己的力量

　　苏葛恋爱三年，正在谈婚论嫁的关口，却发现男友出轨了。如果情敌是个年轻水嫩的小姑娘倒也罢了，结果她发现对方是个比自己年纪大很多的女人。

　　真是身高不是距离，年龄也不是问题，不但年轻情敌来势汹汹，老情敌也可以逆袭。苏葛怎么也不服，自己还没人老珠黄呢，怎么就败在一个比自己还大的女人手上？

　　出于气愤、憋屈，还有那么点儿好奇心，苏葛做了一件很多人遇到这种情况时都会做的事——约见情敌。

　　等在约好的茶馆，苏葛脑中勾画着对手的样子。在她的意识中，一把年纪的女人还出来兴风作浪，一定是走浓妆艳抹的妖后路线，再不济也得是珠光宝气的贵妇相，否则拿什么吸引眼球呢？

　　所以，当那个梳着齐刘海梨花头，穿着白色亚麻长裙，看起来就像小姑娘的女人款款走来坐在苏葛对面时，苏葛不由暗

自感叹：对方的身材管理和皮肤保养确实到位。

交谈之后，苏葛马上发现对方不是个善茬，说话也滴水不漏。她说，这一切与她关系不大，她从来都不缺男人，裙下之臣一堆一堆的，苏葛男友这种档次的男人根本不在她的选择内。只不过，他是个典型的"精神病型"暗恋者，一直对她苦苦纠缠，有事没事就对她倾吐感情上的种种苦闷，开始她还出于一颗大姐姐般的博爱之心劝解一二，后来实在是不堪其扰。苏葛出现得正是时候，回家好好管管自己的男人，别让他再出来为害人间。

这番说辞轻轻松松就逆转了乾坤，把本来是兴师问罪的苏葛定位成乞求情敌高抬贵手的小可怜。而她则摇身一变，成了循循善诱的资深情感专家。

严重轻敌的苏葛被这情形弄得有点懵，正准备重新估计形势，以求绝地反击，男友却突然出现了。

苏葛的男友一出现，那女的立刻换了一种气场，收敛了暗藏锋芒的淡定，换成一副楚楚可怜的样子。

"都是我的错"，一颗泪珠在她长长的假睫毛上盈盈欲坠，"跟你女朋友好好的，我从此彻底消失在你的生活里……"

什么情况？苏葛还没反应过来，就被男友一把拎到了茶馆门外。

"干嘛呀你？有什么本事冲我来，别难为人家。"男友啪啪地拍着自己壮硕的胸肌。

看着男友气急败坏的脸，苏葛愣住了，她一直以为他们亲密无间，从没想过他们之间会出现这么大的空隙——大得能塞进一个"人家"。

如今，她在男友眼里成了赶尽杀绝的恶婆娘，而"人家"却是情深义重的有情人。

向来尖嘴利舌的苏葛突然无言以对，像被什么堵住了心口，噎得泪流满面。

面对自己的情敌，苏葛无话可说。

她输得有点惨！

她的男友却有自己合情合理的解释。从男人的角度说，他觉得苏葛的情敌更适合他。虽然她没有苏葛优秀，没有苏葛的能力，没有苏葛的地位，但她像一个海绵的抱枕，可以耳鬓厮磨，倾吐心声，也是柔软的依靠。

和她相比，苏葛更像一把大马士革弯刀，漂亮却闪着迫人的锋芒。

像苏葛一样，对于许多自我感觉相当良好的姑娘来说，最不能接受的就是恋人变心，而情敌还处处不如自己，这口气如何咽得下？

对手以弱势胜出，自然还是有过人之处。放下内心的偏见，从情敌身上看到自己的不足，对感情大有裨益。

向情敌学习，并不是学习她们去介入别人的感情，而是发现情敌们身上的魅力和亮点。

事实上，击败我们的对手身上往往有着许多我们自身没有的闪光点——这是一个我们始终都应该承认和面对的事实。

要想学到这些东西，首先就得要求自己平静地把自己和情敌进行对比。只有经过对比，所要学习的东西才能更加清晰地出现在眼前。可悲哀的是，生活中几乎没有哪个人在面对情敌时可以平静地观察，比较。大多数人都被愤怒控制了心绪，或者只是一味地抱怨、惶恐、咒骂，甚至报复和惩罚。

尽管这是人被欺骗和背叛后的痛苦本能，但就事情本身来说，这样做只能弄巧成拙、于事无补。

遇事三思而后行，把自己和情敌作个比较，然后反省自己到底哪方面做得不够，情敌是如何找到可乘之机的？这个过程必然极其痛苦，可又是多么必要啊！这是一种睿智的释然，经历了并且把握好了，或许面临的危机就会柳暗花明。

　　如果确实无法挽回，就要及早放手。无论如何，眼前这个人已经不是你的了。与其拖着他的躯壳苦捱时光，幻想有一个反转的结局，还不如痛快放手。

　　放过别人，同样是放过自己，这是感情放生的道理。

　　很多人放不下是因为怕，怕承受不了一个人的孤独。其实，生命的存在就是孤独的，懂得尊重彼此的自由，两个人生活和一个人生活并没有太大分别，甚至，一个人比两个人可以更好过。

PART 8

我们在一起，成就不完美中的完美

享受一个人的好，就得接受TA 的坏

早上，办公室的一个男孩挂着黑眼圈，形容憔悴地来上班。看见我，他恨恨地抱怨："我怀疑最近全球油价上涨都是因为我女朋友闹的。"

话音刚落，手机响起，他接起来轻声慢语："啊，好的，喜欢哪个买哪个，不用考虑预算。"

我们都看着他笑，他耸耸肩，自我解嘲地说："怎么办？她大部分时间还是好的嘛！享受了人家的好，就得接受人家的坏。"

突然觉得他说得好有道理。玛丽莲·梦露也说过一句类似的话："如果你无法接受我最坏的一面，你也不配拥有我最好的一面。"

两个人在一起相处久了，会发现对方有无数让自己觉得不爽的地方：明明1.65米的身高，在男友的镜头里却变成了1.56米；千辛万苦追到的楚楚可人的校花，在家里竟是个"抠脚大妈"……

　　表妹跟一个相亲对象认识了很久，都没有确定恋爱关系，在"友人以上，恋人未满"的程度暧昧了好几年。这期间，俩人都跟别人该相亲相亲，该交往交往，有时候还交流一下心得。

　　我觉得这也是一对奇葩，问她到底怎么想的？

　　表妹说："他样样都好，跟我也很谈得来，就是缺了点智慧。"

　　我反驳："用缺少智慧这种似是而非的标准来衡量一个人，是不是借口？"

　　表妹说："真不是。他出身好，品位高，所以对别人的要求也很严格，谁愿意跟一个整天拿着放大镜看人的人一起生活？"

　　说的也对。当两个人进入亲密关系后，彼此的光环退却，而弱点和缺点却看得更加清楚。睁一只眼闭一只眼，懂得接受别人的缺点，还真是一种生活智慧。

　　这种"懂得"的智慧，并不那么容易获得，需要有足够的生活经验和宽容之心，既是对爱情的深刻感悟，也是自己的一种修行和完善。

　　十几岁的时候看名著《飘》，对男一号白瑞德特别不理解。我不明白这样一个魅力四射的男人——别的女人被他吻一下手背都要激动得微微颤抖，为什么偏偏对任性娇蛮、根本不把他放在心上的郝思嘉情有独钟。

第一次相遇，他躲在藏书室的暗处，听她对别人表白。紧接着，郝思嘉在乱世中结婚、生子、丧夫、再次结婚，再次生女，再次丧夫。他专程赶来求婚，迫不及待地要在她的下一次婚姻之前抓住她，虽然明知她心里装着别的男人。

在郝思嘉人生的关键时刻，他就像上帝派来的使者一样，每次都能帮她渡过难关，他一直站在她身后默默地付出，尽管她的眼光，一直固执地落在别处。

名著的魅力就在于，岁月能让你更加读懂它。25 岁那年，我重读了这本书。

就像一个 19 岁的人和 29 岁的人眼中的夕阳是不一样的，一个 15 岁的人和 25 岁的人对爱情的理解也是不一样的。

15 岁的时候，我把整部小说看作一场情感大戏，几个人之间，非得要"你爱我，我爱他"地折腾。无论是白瑞德对郝思嘉的爱，还是郝思嘉对艾希礼的爱，在我看来都是两个字：不值！

25 岁，是一个恋爱过也失恋过的年纪，这个时候的重读，让我又有了不一样的体会。

白瑞德与郝思嘉的不同之处在于，当她看懂了艾希礼，她就不再爱他了。"白瑞德，要是我明白他实际上是这样的人，那我连想都不会想到要对他感兴趣了。"

白瑞德却说："我明明是你那些相识中唯一既了解你的底细又还能爱你的人……郝思嘉，我从来不是那样的人，不能耐心地拾起一片碎片，把它们凑合在一起，然后对自己说这个修补好了的东西跟新的完全一样。一样东西破碎了就是破碎了——我宁愿记住它最好时的模样，而不想把它修补好，然后终生看着那些碎了的地方。"

看到这段话，我忍不住伏案大哭。

如同歌里唱的——"我拥有的都是侥幸，我失去的都是人生。"

爱情小说，能看得我心如刀割的，永远只有这一本。

多年以来，郝思嘉沦陷在暗恋情结中走不出来，其实能够拥有这种"白瑞德式"的爱情，才是人生最大的幸运。

虽然他表面放荡不羁，其实十分深情专一，他理解郝思嘉的内心需要，随时准备帮助她。在义卖会上，白瑞德看出她内心的烦闷，请她跳舞，帮她摆脱黑色丧服的束缚；亚特兰大全城沦陷，他冒死偷来一匹马，在战火中护送她回家；她想创业，他给她钱；她从噩梦中惊醒大哭，他像对待孩子一样把她抱在怀里。

他欣赏她的坚韧勇敢，一往无前，同时也比任何人都能看透她的自私冷漠、任性叛逆。

他喜欢她的好，同时也接纳了她的坏。

他从来都不曾要求她改变，只是不动声色地帮她实现她想要的活法，即便这种活法他并不认可。

他外表很Man，内心却充满柔情，他虽然也渴望她的温情，但只是默默地等待着她的成长。

人的一生，要何其有幸才能遇到一个白瑞德。

他爱你，就因为你是这样的你，而不是他期待成为的那个你。他愿意为你负重前行，让你永远像个不谙世事的孩子一样无忧无虑；如果你愿意迎风沐雨，他也会退后一步，默默守候，做你身后永远的依靠；他对你没有要求，唯一的恐惧就是，你不爱他。

你以为他爱得卑微。错了，他给予的，是最高贵的爱。

爱一个人，不仅要能享受TA的好，也要接纳TA的坏。这一点，白瑞德做到了。

在综艺节目《女儿们的恋爱中》，主持人说过一句话："爱一个人的最高境界，一定是愿意并且能够把对方的'垃圾'收起来。"

在大概率上，我们爱上的都是普通人，跟我们最初在心里憧憬的那个人肯定是有差距的。在热恋的时候，爱情的力量让TA变得与众不同，当荷尔蒙的冲动褪去，理性占了上风，越来越真实的那个人就会暴露在你面前。

　　不肯对期待中的对方的完美模样死心，就会过于苛求，抱怨不休。在付出和回报中不停地算计，最终让两个人都失去幸福感。这一类感情的结局毫无悬念，要么就是凑合过，要么就是早晚分，无论如何都离幸福很远。

　　作家张小娴说：

　　"被爱的时候，我们期待对方所爱的不只是我的外表、我的成就，这一切只是我的一部分，并且会随着时日消逝。我们期待他爱的是我那一片地域，那里有我的脆弱和自卑，有我最无助和最羞耻的时刻，有我的恐惧，有我的阴暗面，有我的习惯，也有我的梦想。"

　　听起来多么难做到，其实做不到的原因，在于我们过于贪心，既喜欢玫瑰的芬芳，又害怕它的刺扎手，每天都想把刺拔光，只留下光秃秃的茎秆和美丽的花瓣。

　　恋爱能够渐入佳境，就是因为两个人都已经足够了解对方，还觉得对方很可爱，能像包容自己的缺点一样，与对方的不足和睦相处。

　　如果你能忘我而真诚地给予对方自由而丰盈地爱，就不会被自己期待完美恋人的执念困住。这段关系，对你，对TA，都是一段很美的回忆。

去繁就简是一种人生态度，
也是一种自由生活的能力

　　近两年，越来越多的"情感专家"，写了很多教人恋爱的"攻略"，大多都是教男生怎么追女生，或者教女生怎么抓住男生的心。甚至，还有很多攻略教女生怎么让男朋友为自己花钱。反正是各种课程，五花八门，形形色色，写得比"三十六计"还全面。

　　但在我看来，恋爱中只有两种人，用心的和不用心的，哪有什么用攻略的和不用攻略的。

　　恋爱，本来就应该是一件至情至性、至真至美、自然而然的事。我从没听说有人天生不会谈恋爱，需要看教程的。这样做生生地把世间最甜美的事弄成了一场男女间的心机博弈，真是得不偿失。

　　人们把爱情想得那么复杂，几乎成了一门玄学，无非还是因为给爱情赋予了太多的因素。

去繁就简是一种人生态度，也是一种弥足珍贵的过上自由生活的能力。

通常来说，一个人对另一个人期待越多，要求就越多，而要求越多，就越容易画地为牢，把两个人都禁锢在不快乐的小圈子里。

不妨试着打开自己的格局，践行一种极简主义的爱情。或许，你能够体会到另外一种豁然开朗的舒爽。

极简主义的爱情，需要有一点留白。

中国画有一个很大的特色，就是善于留白。它用淡淡的墨迹描绘世界，给观者一定的想象空间，所谓"留白天地宽"，说的就是这个意思。

无论多么相爱的恋人，都是从半途走入彼此生命的。谁还没点儿过往，谁还没点儿故事？一路走过来，谁心里还没收藏过一点东西？

最令人讨厌的那种恋人，就是不给对方留一点精神空间的人，他们讨厌对方回忆往昔，讨厌对方触景生情，甚至不允许对方有一点小惆怅、小伤感。

王朔有一篇小说叫作《过把瘾》，男女主人公本是一对很亲密的恋人，但就是因为女主角对男朋友密不透风的精神控制而令双方产生了嫌隙。

女主人公杜梅一看见男友方言咬着指甲"石化"成雕像，就气不打一处来。她也很反感男友与过去的朋友交往——哪怕那只是他的几个发小儿。对男友生命中她没有参与过的那些历史，她都恨不得一键删除。

一个好恋人一定懂得给对方留一块心灵的自留地，不去涉足人家的那一小块精神田园，更不随意翻检人家已经封存好的往事。

所谓极简主义的爱情，就应该这样给爱情做做减法。

无论是千百年来强调的门当户对，还是现代人追求的三观一致，我们对爱情一定有一些硬性的要求，这无可厚非。在此之外，对爱情的要求越少越好。一个活得透彻的人，一定能理清生活的主干，而不强求细枝末节。

要求一个人是十项全能选手，满足世界上所有完美情侣的标准，基本上属于无理要求，让对方感觉疲累的同时，自己的幸福指数也会大大降低。

极简主义的爱情，就懂得给爱情降维。

爱情是两个人的事，如人饮水，冷暖自知。你自己觉得好就是好，同学怎么看，死党怎么想，七大姑八大姨怎么说，基本可以忽略。

爱屋及乌这种事可以有，但不是必须履行的义务，一个人爱你，只负责爱你就可以了，不要强求对方必须对你的亲朋好友好。

钻石之所以光芒四射，就因为它成分简单。

爱情亦然。

试一试，别在爱情上投射太多的东西，拿出极简主义的人生态度来经营爱情，收获反而会更多更多。

两个自由的灵魂相爱，才是最好的爱情

有一句话说：你的气质里，藏着你走过的路，读过的书和爱过的人。

一份好的爱情，全身心地滋养着我们，让我们眼神清亮，眉宇舒朗。一个人有没有一份好的感情，即使TA不动声色，也会悄悄地渗透在他或她的气质中。

在我们恋爱之前，都要独自走过一段路，或长或短，或平坦或坎坷。在恋爱之后，一切都不一样了，无论那个人是否是最后的真命天子或真命天女，爱情对于我们来说，都是一种全新的体验。

这是一种美好的成人礼，也可能会变成一场喜悦与痛苦交织的灵魂洗礼。

我们遇到过什么样的人，以什么样的方式对待彼此，我们在过往的感情中会获得成长，还是只会收获挫败，都会一点一滴地沉淀在我们的生命中，成为我们的经历，成为我们的故事，也终将会变成我们的内涵，水滴石穿地改造了我们的样子，让我们变成如今的模样。

岁月荏苒，一路走来，或许我们经历了离合，品尝过哀愁，被时间掠走了青涩，榨出了成熟的滋味，但是希望我们依旧有一个自由的灵魂，依然有灵动轻盈的气质。

两个自由的灵魂相爱，才是最好的感情。

只有真正懂得生命真谛的人，才会格外重视自由。一个追求自由的人，必然会给他的爱情赋予自由的气息，就像风吹来了海浪的清新。

他不会刻意地去约束对方，更不会每天抛出一堆挑剔和规矩，他甚至对你没有太多的要求，他喜欢自己自由舒展，也喜欢伴侣自由舒展的样子。

有一个朋友告诉我，她曾经有过一个年长她很多的追求者，那个人对她说过一句话："我希望你迎风飞扬，自由自在地按照自己的心意生活，永远有一张没被生活欺负过的脸。"

他并不是承诺让她过上什么样的生活，而是鼓励她成为更好的人，活出自己最漂亮的姿态——这是一种更为深沉的爱。

她说，这是她听过的最动人的一句情话。虽然她最终没有接受这个人的追求，但却因为这一句话而记住了一个人。

一个心灵自由的人，必然有让自己身心俱安的本事。这种本事是自己修炼出来的，是以自己的实力和努力向这个世界换来的。为了这份来之不易的自由，可能要付出很多，但相信我，一旦获得，你绝不会后悔。

我们没有必要围绕着别人转，而是应该更多地感知自己的内心需求，为自己的未来规划轨迹，拥有自己的魅力磁场。

给心灵种下一颗自由的种子，人生才能蔚然成荫。

一个人能不能拥有更好的感情，与他能不能成为更好的人，是相辅相成的关系。

自己活得自由了，爱情才不局促逼仄。

开阔的爱情，反过来又能赋予人生更高的格局。

自由让我们获得仰望星空的快乐，爱情是尘世中令人心醉神迷的私享。

自由的爱情，值得每个人毕生追求。

世上人不可能完美，但关系可以完美

"他住在城市郊区的一栋旧公寓大楼里，每次出门，总是习惯性地先向右走。她住在城市郊区的一栋旧公寓大楼里，每次出门，不管去哪里，总是习惯性地先向左走。"

这是几米的漫画《向左走，向右走》中所描绘的一段都市故事。

两个寂寞的都市男女，住在同一幢公寓里，却因彼此习惯不同：一个习惯向左走，一个习惯向右走，因而从未相遇。

习惯的力量如此强大，以至险些错失缘分。

男女有别，这是古人的教诲。除了直观的差别，还有许多非直观的不同，比如著名的"男左女右"。

日本科学家曾经做过一个实验：把一组3岁的儿童带到丁字路口，让他们自由行走，结果11个男孩中有 10 个向左拐弯，只有一个向右走；8个女孩中有 7 个向右拐弯，只有一个向左转（看来几米笔下的男女主角都属于特例）。

这不得不让人觉得，生理构造的不同影响着男女对同一件事物做出有别的反应。或者说，男女之间脑结构的差异决定了男女之间性格和行为方式的差异。

在与伴侣的交往方面，人类是所有生物中问题最多的，其他的生物一般相处得都不错。它们的感情和情绪没有那么复杂，交流方式大多是直截了当的，不会为了性格差异而争吵，不会介意谁的地位高，谁的权力大，"男朋友"不用担心自己的沉默会惹怒"女朋友"，"女朋友"也不用烦恼"男朋友"嫌不嫌自己胖。

很早的时候，男人要狩猎，女人要采集。打猎的男人要从整个环境来搜捕猎物的信息，所以他们更注重森林；而采摘果实的女人，当然要去注意一棵棵树，因为树枝上有她们期待的东西。所以她们更注意树的细枝末节，而不是树与树的关系。

这一进化的不同导致男女思维的重大不同——男人善用望远镜看问题，观其大略而忽视细节；女人善用显微镜看问题，长于审视细节，而忽视全局。

可见，人们常说"异性"是很有道理的，男人和女人在很多地方都是相反的。

男女交往，性格无所谓好坏，关键是在相处的过程中，能互相适应，扬长避短，而不是互相纠正，非让对方跟自己做同类。

柏拉图在《会饮篇》中讲了一个希腊传说：最初的人一半是男，一半是女，所以他们体力和智慧几乎超越天上的神。诸神感觉受到威胁，将人劈成了两半。

柏拉图说："人本来是雌雄同体的，终其一生，我们都在寻找缺失的那一半。"

既然人类已经进化到知道怎样才能和情侣和睦相处，怎样才能过上快乐幸福的生活，我们就应该在这方面花点心思。

其实，我们大多数人都能与恋人更融洽——只要方法正确。

这是个男女"各司其职"的世界——你喜欢逛街，无妨；他喜欢玩游戏，那是他的自由。重要的是我们要知道：造成男女差异的原因并非我们能控制的，而是生命演化的产物，我们不能对彼此太苛求。

揣着一颗宽容和充满爱意的心，接受对方与我们不同的行为模式与思维方式。该包容的时候包容，该"狡猾"的时候"狡猾"，该付出的时候付出，该索求的时候索求。

丢掉幻想，丢掉过高的要求，别总是认为你拥有的是一款独一无二、超级强大、无所不能的伴侣，要允许他有达不到的功能，允许他升级完善。这样，你才不会在他无法满足你的需要时乱点按钮。

其实，男人和女人无论谁征服谁，归根到底其实还要回到原处——征服自己。

每个人都想拥有完美的亲密关系，过更好的生活。然而，许多人常常因为不能清楚地认识自己，不知如何管理好自己，而难以找到真正的灵魂伴侣。

相信自己的价值，懂得释放性格中的魅力，同时通过不断完善自己，获得外在美和内在美的统一，才能保持恒久的吸引力。这个世界上没有完美的人，却有完美的关系。别让相爱败给相处，让我们在一起努力，成就不完美中的完美！